青少年创客/STEAM系列丛书

·动漫爱好者学习用书·

疯狂造物

Blender

U0187188

创意设计与3D打印

贝勒教学工作室 编著

机械工业出版社
CHINA MACHINE PRESS

本书以步骤图解和视频微课等方式展现了用Blender软件进行三维造型设计的相关知识和技能，主要内容包括：Blender与3D打印的基础入门，Blender与3D打印的进阶内容，Blender与3D打印的高阶内容。每个案例均配有相应的教学视频，方便读者自学和培训。通过对本书的学习，读者不仅可以精准掌握Blender的核心造物功能，包括三维设计、渲染、骨骼绑定、动画等，还可以了解3D打印的操作流程。

本书适合青少年和创客教育工作者使用，也可作为中小学和少儿培训机构的教学用书和学生自学辅助教材。

图书在版编目（CIP）数据

疯狂造物.Blender创意设计与3D打印 / 贝勒教学工作室编著. —北京：机械工业出版社，2022.3（2024.1重印）
（青少年创客 / STEAM系列丛书）
ISBN 978-7-111-70478-2

Ⅰ.①疯… Ⅱ.①贝… Ⅲ.①快速成型技术 – 青少年读物
Ⅳ.①TB4-49

中国版本图书馆CIP数据核字（2022）第054183号

机械工业出版社（北京市百万庄大街22号 邮政编码100037）
策划编辑：王晓洁 责任编辑：王晓洁
责任校对：张亚楠 王 延 责任印制：张 博
北京建宏印刷有限公司印刷

2024年1月第1版第2次印刷
184mm×260mm · 11.25印张 · 241千字
标准书号：ISBN 978-7-111-70478-2
定价：79.80元

电话服务　　　　　　　　网络服务
客服电话：010-88361066　机 工 官 网：www.cmpbook.com
　　　　　010-88379833　机 工 官 博：weibo.com/cmp1952
　　　　　010-68326294　金 书 网：www.golden-book.com
封底无防伪标均为盗版　机工教育服务网：www.cmpedu.com

推荐语
RECOMMEND

这本书给我们的年轻人推开了一扇神奇魔幻的大门，你们会在今后成长的日子里插上一双有力的翅膀……

——中央美术学院教授　秦璞

作者在青少年创客教育领域深耕多年，具有丰富的经验。他的这本新书也将成为 Blender 爱好者的绝佳入门教材。

——四川音乐学院教师 / 数字雕刻先行者　张盛

随着 3D 打印技术和设备的普及，三维设计与 3D 打印技术已经在制造、艺术、医学等各个领域都有着非常重要的地位，此书是青少年进行三维设计和 3D 打印入门学习的教科书、工具书。

——中国 3D 打印文化博物馆馆长　朱丽

根据我多年的教学经验来看，结合生动的案例来探索并在三维空间内创作模型作品是最有效的学习方式。本书中何超老师运用简洁明快的图文，让看似繁琐的流程充满乐趣，相信何超老师会带你领略三维设计的魅力。当你将通过 3D 打印呈现的作品捧在手中时，将体会到前所未有的喜悦感。

——旧金山艺术大学研究生导师 /TIPPETT STUDIO

核心模型师　毕覃

看到本书目录时，我不禁发出感叹："终于有人出 Blender 的教程了。"如果设计师能掌握这个免费的 3D 创作工具，作品商用就少了很多隐患，在桌面级高精度打印机即将普及之际，本书的出版真是太及时了。

——《模型世界》杂志主编 / 北京唐龙视点

模型设计工作室　主理人　吴迪

未来世界离不开计算机设计与智能制造，如何有效的运用这两种技术，使其更好的实现人的创造力是当前数字教育的核心，好好理解本书中关于创意理念的部分，必定让你有所收获。

——太尔时代销售总监　秦易

在创客教育中，如何利用三维建模软件把自己的创意设计出来是很多刚入门朋友共同的烦恼。何超老师的团队结合多年实战教学经验，将专业知识系统地分享在书中，浅显易懂，适合自学者及学校师生使用。

——台湾 3DP 乐园创始人　姚雅莉

前 言
PREFACE

课程介绍

Blender 是一款多功能开源三维设计软件，风靡欧美等国动漫领域。随着影视业快速发展，我国动漫游戏产业人士也开始使用，特别是创客和 STEAM 教育的兴起，越来越多的青少年和创客教育工作者开始寻求更方便、更快捷的数字造物工具，本书应运而生。

本书内容由三位教学经验丰富的一线教研人员编写，将 Blender 这一数字化造物工具以图解和视频微课等方式展现，通过实例用图、文、视频多角度介绍了 Blender 的核心造物功能及 3D 打印的操作流程。

1. 如何认识本书

本书主要面向青少年及创客教育工作者、动漫爱好者，以及三维设计人员。本书共分为四个部分，共七章。

第 1 部分：基础入门（第 1 章和第 2 章）：主要介绍 Blender 基本信息及核心工具的使用方法。

第 2 部分：创意设计（第 3 章和第 4 章）：从独立个体模型设计出发，到如何开展一个主题项目，一步步深入，让读者逐步学会熟练 Blender 软件操作。

第 3 部分：专项升级（第 5 章和第 6 章）：分别通过机甲类作品和动漫角色类作品的专项训练，让读者深层次体验 Blender 的魅力，从而掌握数字造物的技巧。

第 4 部分：造物工厂（第 7 章）：结合 3D 打印技术，展示从 Blender 三维设计到 3D 打印实物化的全流程。

2. 如何有效学习

本书立足于 Blender 软件设计和 3D 打印造物的技能教学，为有效达成教学目标，请读者参考以下内容：

（1）浏览本书目录，了解写作结构与顺序，理解本书的内容编排。

（2）先学工具的使用方法，再通过练习使技能熟练，最后达到自由造物的目的。

（3）先观看微课视频，再阅读书中步骤，如果遇到跳步等问题，可再次观看视频。

（4）书中资料（如模型、文档等），可关注微信公众号"大国技能"，回复"Blender"获取下载地址。

（5）如遇疑惑，可在新浪微博、知乎上"@ 超级贝勒何"反馈，作者将不定期进行答疑。

3. 关于编写团队

本书撰写并非一帆风顺，近两年的创作实践中，无数次推翻重来，特别在 Blender 官方将版本从 2.79b 升级至 2.81a 后，书中所有截图和微课视频内容彻底重做，一度严重打击了我们的编写热情，然而团队的坚持换来了最终的成果。在此真诚感谢每一位参与本书创作编写的成员，他们是何超、徐春秀、龚鹏飞（排名不分先后）。

特别鸣谢（排名不分先后）：北京太尔时代有限公司秦易、郭峤先生，中央美术学院秦璞教授，四川音乐学院张盛老师，中国 3D 打印文化博物馆馆长朱丽女士，旧金山艺术大学毕覃老师，《模型世界》杂志主编吴迪先生，台湾 3DP 乐园创始人姚雅莉女士，以及好友许治军女士、黄冬梅女士和朱少甫老师。

本书是国内首次以青少年和创客教学工作者视角为出发点，较为系统梳理 Blender 造物基本技能的教程。当然，本书内容难免有所遗漏，不可能详尽更正，若有不完善的地方，还请大家多多谅解。非常欢迎您能够给予我们宝贵的建议，可直接在微信公众号"大国技能"上留言，也可以在新浪微博或知乎上 @ 超级贝勒何。

何超（@ 超级贝勒何）

目 录
CONTENTS

疯 狂 造 物

Blender 创 意 设 计 与 3D 打 印

第 1 部分

Part One

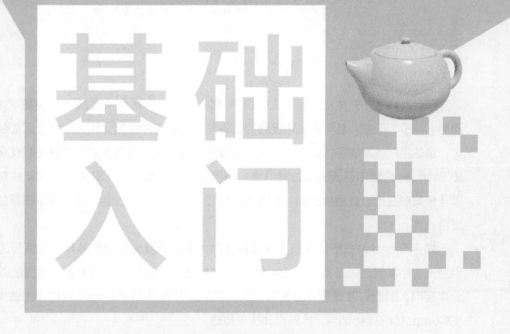

基础入门

Blender 软件基础

本章主要介绍了 Blender 软件的基础知识，包括：软件简介，下载与安装，界面与用户设置。

Blender
软件简介 〉 下载
与安装 〉 界面与
用户设置

第1节 ▶▶
Blender 软件简介

　　Blender 是一款免费开源的三维软件，其三维模块丰富且强大，建模、材质、渲染、绑定、动画、粒子、毛发，甚至音频和视频的剪辑与合成都堪称经典。Blender 社区知名度越来越大，全球用户逐渐增多，因其开放的程度较高，很多用户参与到软件的开发和优化环节，致使 Blender 的版本更新迭代越发迅速，使用体验也快速升级。现在 Blender 的功能已经可以与经典的三维设计软件比肩，如 MAYA、3ds MAX、ZBrush 等，甚至在某些模块更为出色。

　　如今 Blender 三维软件已经逐渐被国内大部分动漫爱好者所熟知，其使用的活跃程度相当高。初学者可以轻松地在 Blender 中文社区或者 Bilibili 网站上看到大量的教学和用户分享视频。而国内游戏设计公司的设计师团队，正在使用 Blender 软件，创造中国的 CG（Computer Graphics，计算机动画）传奇。

　　在创客教育方面，Blender 软件也逐渐开始扮演着数字造物工具的角色。因其免费而又强大的三维引擎、灵活而又方便的造物方式、多语言的工作环境，青少年群体和教育工作者们也逐渐加入到使用者的行列。如果你稍微留意一下国内创客大赛，就会发现青少年群体使用 Blender 参赛的作品。

希望 Blender 软件能成为我们很好的造物工具，成为三维虚拟环境与现实世界的转换平台，开拓创意思想，创造出更多有意义的作品。

Blender 软件下
载与安装

1 打开网页浏览器，输入 Blender 官方网址 https://www.blender.org/，进入首页后，单击 ▲ Download Blender 2.81a （2.81a），进入下载界面。

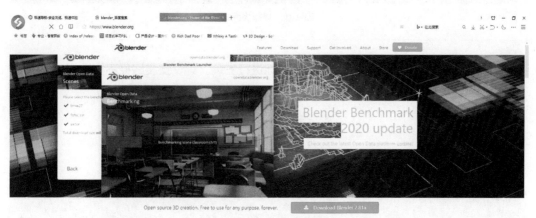

Blender 官网首页

2 进入下载界面后，请选择适配于所用计算机的版本，单击 ▲ Download Blender 2.81a 可对软件进行支持，如下载软件可选择其下拉菜单中的安装包进行下载和安装。

Blender 软件下载界面

Blender 软件下拉菜单

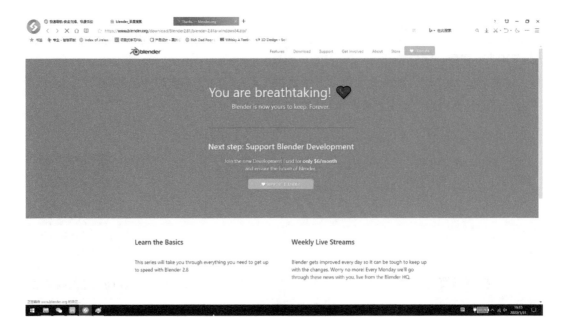

Blender 支持页面

3 下载完成后，双击 Blender 软件图标进行安装。建议安装路径不要选择 C 盘，这样可以在软件运行时留出更多的缓存空间，这对于三维软件来说尤为重要。

4 双击 Blender 快捷方式，打开软件。

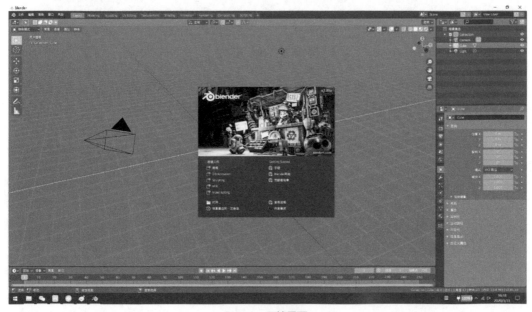

Blender 开始界面

第3节 ▶▷◁
界面与用户设置

软件界面介绍

一、Blender软件界面介绍

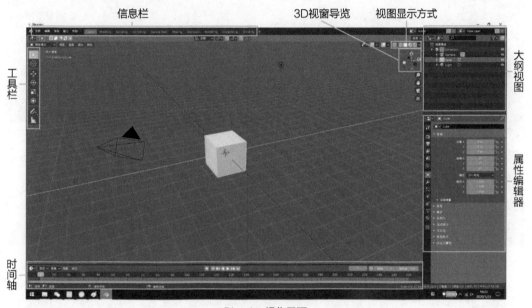

信息栏　　　　　　　　　3D视窗导览　　视图显示方式

工具栏　　　　　　　　　　　　　　　　　　　大纲视图

属性编辑器

时间轴

Blender 操作界面

1. Blender软件工作区

　　使用 Blender 时需先认识软件的工作区，这里除了软件基本操作外，可以切换不同操作模块，如建模、渲染、动画等，可以让使用者进行自由创造。

![Blender 信息栏工具条]

Blender 信息栏

【文件】新建、打开、保存、导入、导出等关于软件的基本操作。

【编辑】撤销、重做等软件简单使用方式，其中最重要的是偏好设定，可以转换多种语言。

【渲染】三维渲染的基本设定。

【窗口】便于建模、渲染、绑定、动画等操作时调整软件视窗。

【帮助】反馈疑问，求助帮助文件，以及查找使用手册等。

使用 Blender 信息栏中的模块进行调整。

1 【Layout】基本工作视窗模式：观看或调入 / 调出模型。

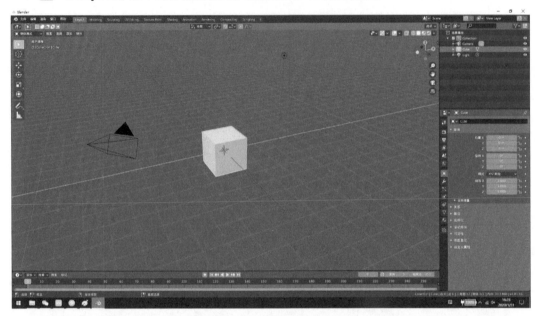

2 【Sculpting】三维雕刻模式：使用笔刷进行建模或数字雕刻。

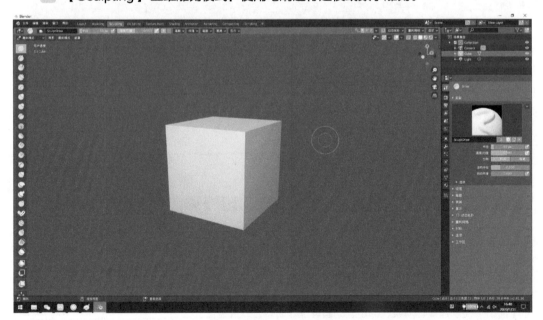

3 【Texture Paint】贴图绘制模式：对三维模型进行更换材质和编辑。

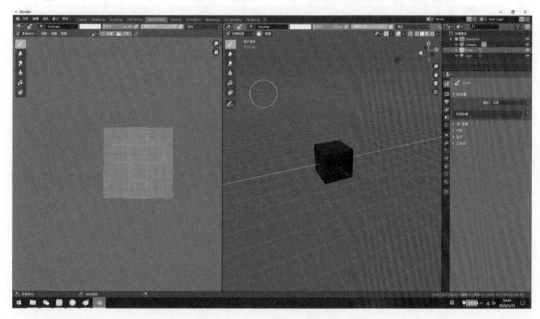

4 【Animation】动画编辑模式：将三维模型与骨骼绑定，进行动画设计。

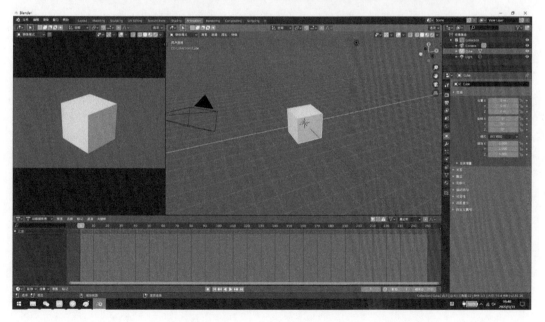

5 【Modeling】三维建模模式：通过点、线、面创建模型。

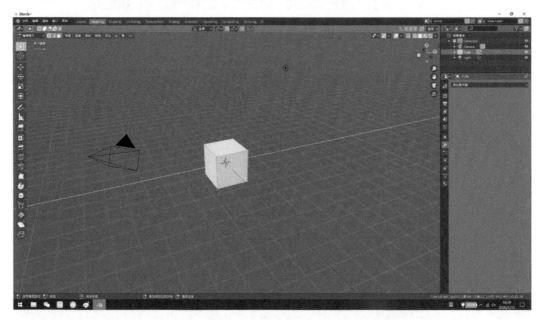

6 【UV Editing】贴图编辑模式：对三维模型进行贴图和编辑。

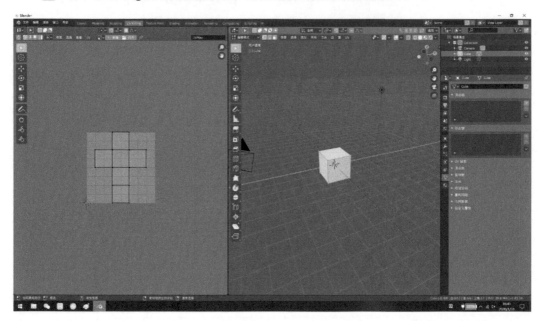

7 【Shading】材质编辑模式：在三维环境中设置光照。

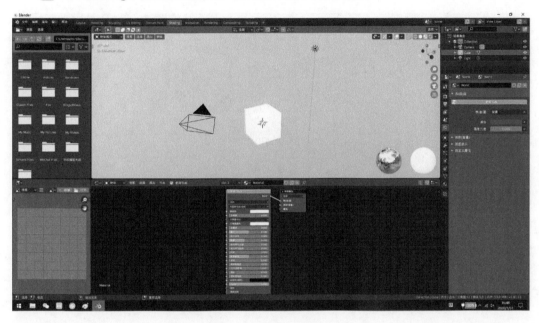

8 【Rendering】三维渲染模式：将三维模型转化为带有色彩的二维图像或动画。

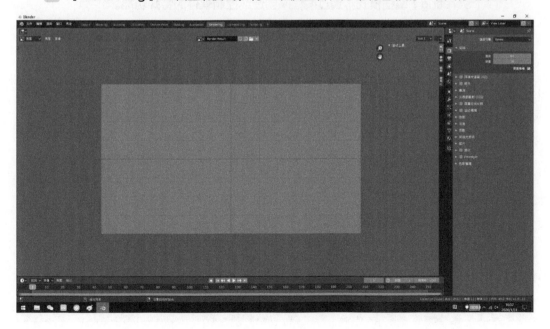

9 【Compositing】合成模式：将单个图层或多个带通道的图层叠加进行合成。

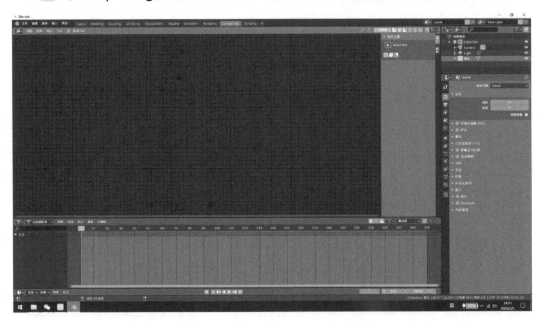

10 【Scrpting】编程模式：通过编程来创造或控制软件的特殊功能。

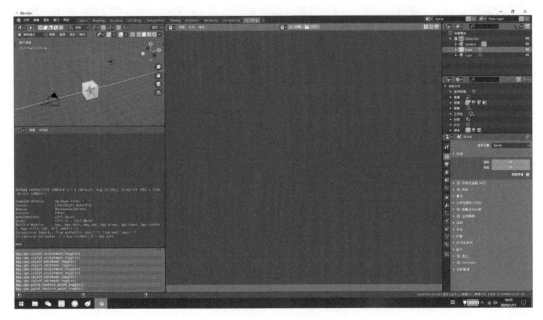

2. 工具栏

 选择：对三维物体进行单选或框选。

游标：空间定位点，相当于物体的出生点位或空间对称点位。

移动：选中物体后，可对物体的位移进行控制，包括点线面的控制。

旋转：使选中的物体进行旋转。

缩放：使选中的物体进行放大与缩小。

变换：同时包含了移动、旋转和缩放三种功能。

标注：可在操作空间中进行绘画与标注。

测量：可测量物体的距离与角度。

3. 视图显示方式

 观察模型：方便制作时选择物体。

透视显示　　　　　　　　线框显示　　　　　　　　实体显示

材质预览显示　　　　　　渲染显示

4. 3D视窗导览

多角度观看工作区，可通过小键盘进行角度调整。

⚠️ 注意：小键盘 4/6 键，可微调小角度，+/− 键可拉近/远视角，在渲染环节用处很大。

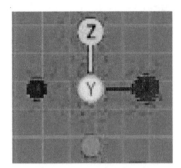

360° 观察工作区

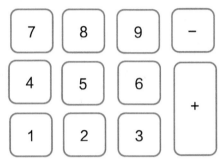

小键盘

正交视图

正视图

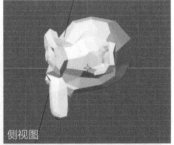

侧视图

顶视图

透视图

背视图

底视图

5. 大纲视图

可查看 Blender 工作空间中所有的物体，包括【Cube】（模型）【Light】（灯光）【Camera】（摄像机）等。

6. 属性编辑器

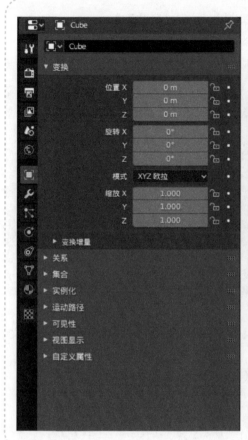

【渲染属性】：可调节相关参数。

【输出属性】：可对导出的图片或视频格式进行设定。

【视图属性】：对操作空间进行视图调节。

【场景属性】：可模拟真实世界添加重力场。

【世界属性】：可调节物体的基本信息。

【三维物体属性】：进行基本参数调节。

【修改器属性】：可添加多种有用的工具。

【粒子属性】：可观看和调节粒子特效。

【物理属性】：可添加真实物理世界的属性。

【约束属性】：可控制不同物体之间的关系。

【物体数据属性】：可显示不同物体颜色、法线等基础信息数据。

【材质属性】：显示物体或物体表面所属材质属性的信息。

【纹理属性】：显示物理贴图纹理的基础信息。

7. 时间轴

通过时间条可播放、回看、快进动画视频。

二、用户设置

> **说明**　此处只对 Blender 软件常用的预设进行介绍，如果没有涉及你所关注的内容，可参见微课视频或 Blender 官方中文社区（https://www.blendercn.org/）。

Blender 软件
基本操作

1. 转换成中文操作模式

【Edit】（编辑）→【Preferences】（偏好设置）进入 Blender 预设模式。

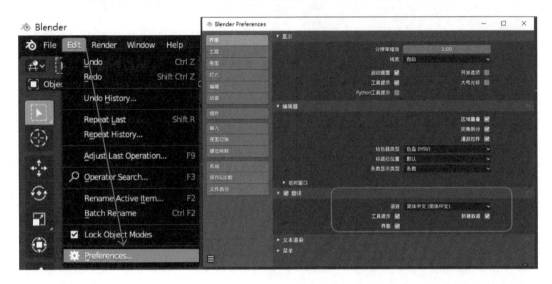

【界面】（Interface）→【显示】（Display）→【语言】（Language）找到【语言（简体中文）（Simplified Chinese）】。

⚠️ 注意：勾选工具提示（Tooltips）、新建数据（New Data）和界面（Interface）。

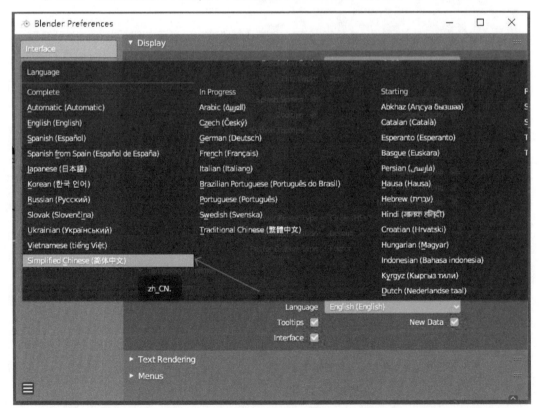

2. 如何设置快捷键？

【键位映射】中都是对于快捷键的设置，请特别注意【偏好设置】（Preferences），其他快捷键可根据个人喜好进行设置。

3. 如何自动保存工程文件？

【保存 & 加载】→【自动保存】，勾选【自动保存临时文件】，【间隔（分钟）】则是自动保存的间隔，通常选择默认数值。

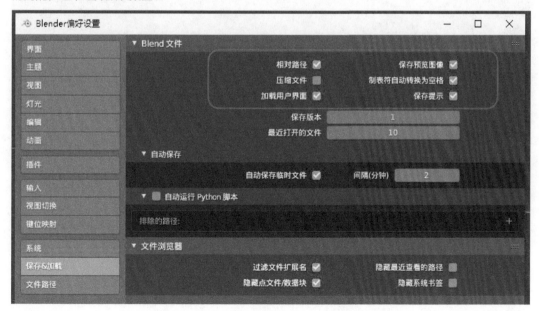

4. 如何解决缓存不够问题?

方法1:【文件路径】→【数据】→【临时文件】进行更改,可确定临时文件的存储位置。

方法2:【文件路径】→【渲染】→【渲染输出】,可确定渲染输出文件的存储位置。

方法3:【文件路径】→【渲染】→【渲染缓存】,可确认渲染过程中临时程序的存储位置。

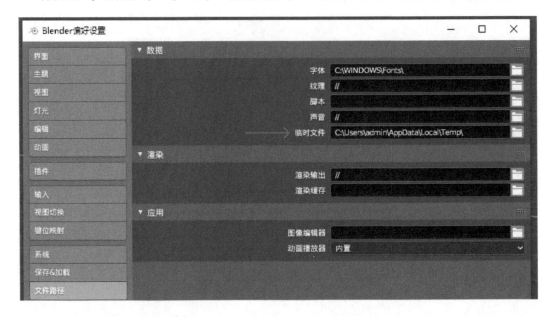

5.【3D游标】的功能及使用

【3D游标】如同"指南针"一般,用于在三维空间中找到具体坐标位置。它是新建物体出生点,同时也是快速吸附物体时的定点位置。

- 快捷键:【Shift+S】
- 【游标 ->...】:3D游标吸附选中的物体所在位置。
- 【... -> 游标】:物体吸附到游标所在位置。

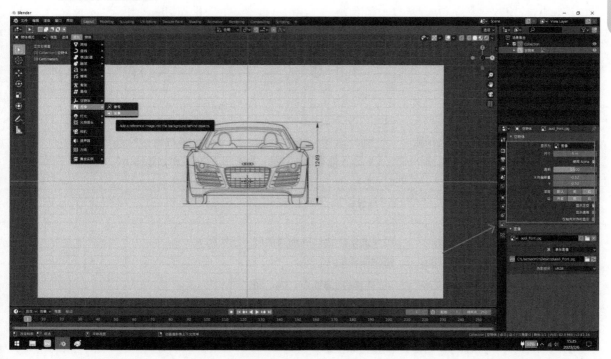

6. 导入参考图片

先选择【3D 视窗导览】中的 X（或 Y/Z）轴，再选择【添加】→【图像】→【背景】。可在【属性编辑器】→【物体数据属性】中调整图片参数。制作复杂模型时，可同时导入三视图（正视图、侧视图、顶视图）辅助建模。

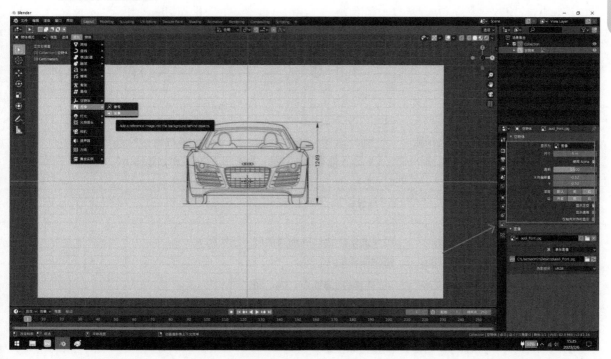

7. 单视图与四视窗如何切换显示?

选择【视图】→【区域】→【切换四格视图】切换四视窗

快捷键：【Ctrl+Alt+Q】。

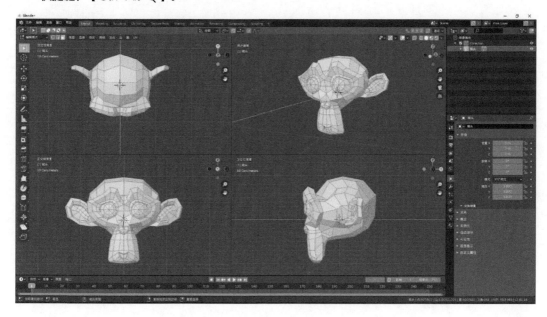

三、Blender软件的基本操作

鼠标左键：单击为选择独立物体，框选为选择多个物体。

鼠标滚轮：按住拖拽，对 3D 视窗进行旋转；前后滚动，对 3D 视窗进行缩放。

鼠标右键：打开隐藏菜单，可对物体进行基础属性的改变。

组合键：【Alt】+ 滚轮　　可快速切换物体的观察角度（正视图）。

　　　　【Ctrl】+ 滚轮　　缓慢调整缩放。

　　　　【Ctrl】+ 右键　　范围选择物体或点、线、面。

　　　　【Shift】+ 左键　　加选多个物体。

　　　　【Shift】+ 滚轮　　平移视角。

　　　　【Shift】+ 右键　　变换游标位置。

第 2 章

Blender 核心工具

本章介绍了 Blender 软件最核心的三大功能：建模模式、渲染模式和动画模式。需要掌握每一种模式中不同的命令或工具，这样才可以在三维制作中游刃有余。

建模模式	拓扑建模	通过调节点、线、面的空间布局构建三维模型。
	数字雕刻	使用各种笔刷工具，像"捏泥巴"一样塑造三维造型。
渲染模式	材 质	模拟真实物理属性，让作品更加多彩、逼真。
	灯 光	模拟真实光源，照亮主体，烘托气氛，实现更好的视觉效果。
	摄影机	模拟真实摄影机，以不同的视角参数呈现最佳的视觉效果。
	渲染器	通过预设渲染器中各参数的数值，完成对最终呈现效果的定义。
动画模式	动 画	让静止的物体动起来。
	绑 定	模拟生物骨骼，为一个整体模型创建各部件的关联。

第1节
建模模式

一、拓扑建模工具

Blender软件中拓扑建模工具主要分三部分，分别集中在屏幕左侧【工具栏】中、右侧【物体属性栏】→【修改器属性】→【添加修改器】中，以及在【编辑模式】添加 网格 顶点 边 面 中。

本节主要列举常用的拓扑建模工具，更多建模工具的使用可扫描相应的二维码观看"微课视频"。

1.【工具栏】中的拓扑建模工具

▶ 注意：【工具栏】中的拓扑工具需要在【编辑模式】下才会显示。

▍ ✛【移动】| 快捷键：【G】。

▶ 注意：按下【G】后，按【Shift+X】，即可锁定X轴，物体在YOZ平面内移动，按【Shift+Y】、【Shift+Z】同理。

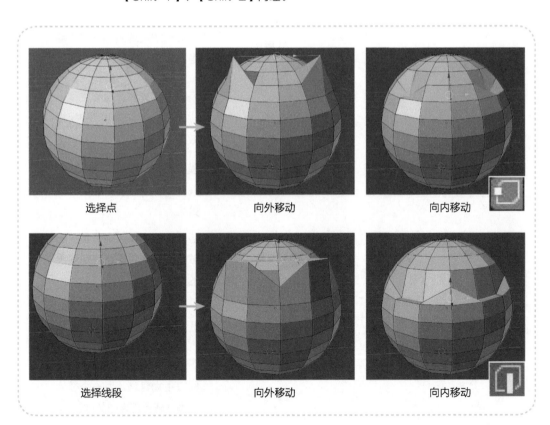

| 选择点 | 向外移动 | 向内移动 |

| 选择线段 | 向外移动 | 向内移动 |

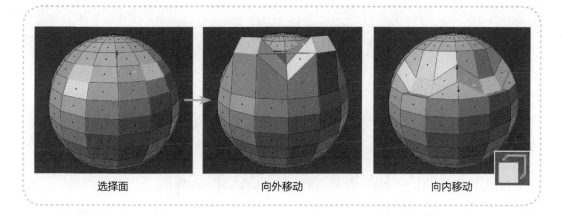

选择面　　　　　　　　　　　向外移动　　　　　　　　　　　向内移动

2 【缩放】|快捷键：【S】。

注意：按下【S】后，再按X，物体按X轴缩放，Y轴、Z轴同理。

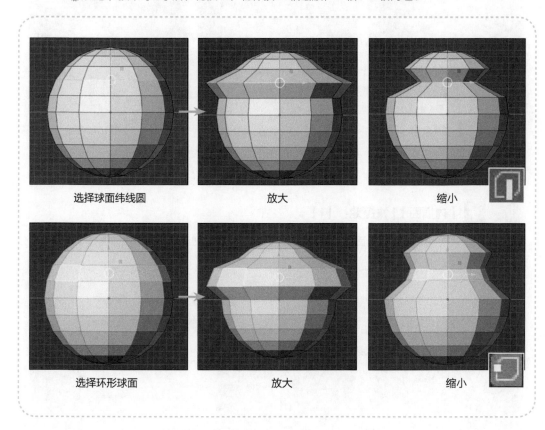

选择球面纬线圆　　　　　　　　放大　　　　　　　　　　缩小

选择环形球面　　　　　　　　　放大　　　　　　　　　　缩小

3 【挤出】|快捷键：【Alt+E】/【E】。

注意：按住【Ctrl】键，然后单击鼠标左健，可快速挤出。当选一个点挤出时，即为一条线；选一条线挤出时，即为一个面；选一个面挤出时，即为一个立体。整体挤出的功能与复制类似，不同之处是挤出的物体原物体相连，而复制则是分开的。

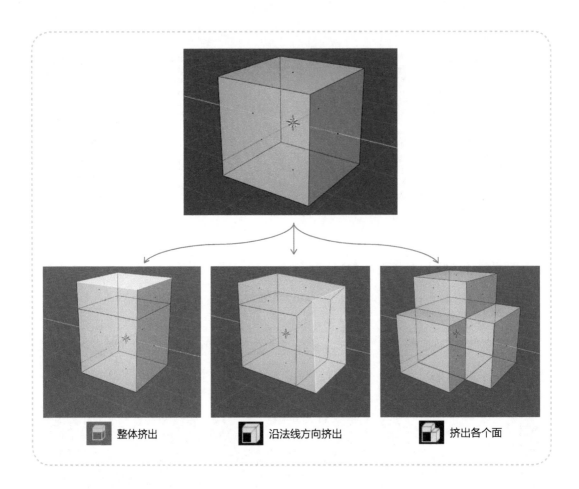

整体挤出　　　　　　　沿法线方向挤出　　　　　　　挤出各个面

4　【内插面】|快捷键：【I】。

注意：可调节新插入面的"厚度"和"深度"，使其凹陷或凸出。也可选择【外插】向外
插入面。

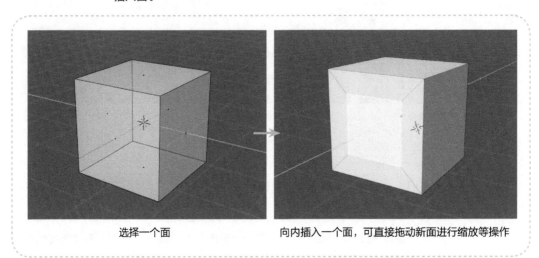

选择一个面　　　　　　　向内插入一个面，可直接拖动新面进行缩放等操作

5 【倒角】|快捷键：【Ctrl+B】。

注意：在【物体模式】→【编辑模式】→【面模式】下，选择【倒角】功能。

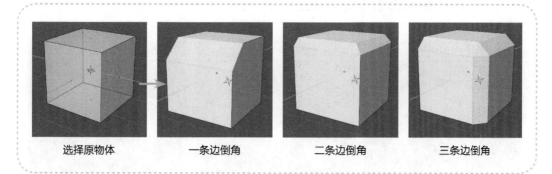

选择原物体   一条边倒角   二条边倒角   三条边倒角

6 【环切】|快捷键：【Ctrl+R】（滚动滚轮可添加多条环切线）。

注意：添加环切线的目的主要是方便对物体进行塑型控制。

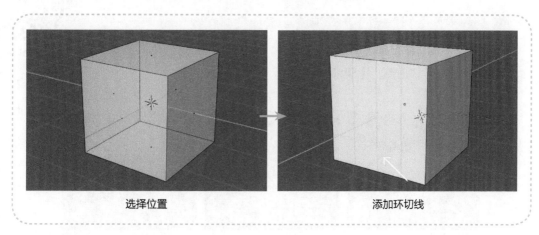

选择位置   添加环切线

7 【切】/【切分】|快捷键：【K】。

注意：【环切】与【切】的区别是【环切】是整圆切，而【切】可灵活设置，在后面的机甲造型中应用较多。

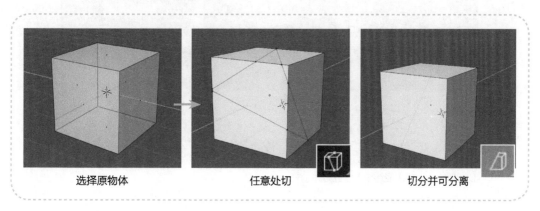

选择原物体   任意处切   切分并可分离

8 ⬛ 【多边形建形】| 快捷键：【Shift+3】。

⚠ 注意：可以在物体上选择一个点，并按下【Ctrl】键单击某一位置得到一条直线，在两条
线中间按【Ctrl】即可挤出一个面。

原物体平面　　　　　　　选择边拖动，即可挤出新的面　　　　面外添加一个顶点，就可得到一个
　　　　　　　　　　　　　　　　　　　　　　　　　　　　　　　三角形

2. 【编辑模式】 添加 网格 顶点 边 面 中常见拓扑建模工具

这里面的建模工具分三个部分：

1 【添加】| 快捷键：【Shift+A】。

软件核心建模
工具（2）

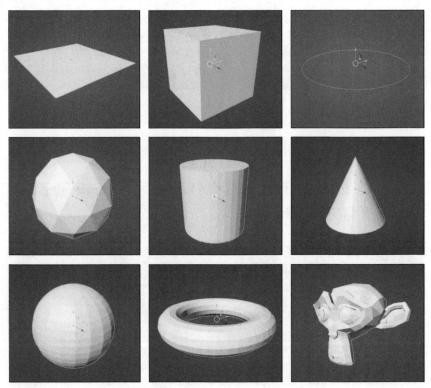

创建新物体，如【经纬球】【立方体】等

2 【网格】

- 【复制】|快捷键：【Shift+D】。
  ❗ 注意：复制出另一个相同物体。

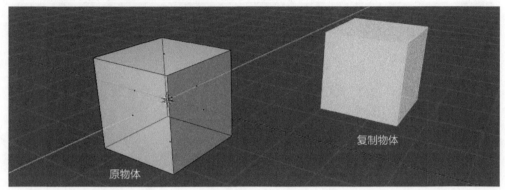

- 【拆分】|快捷键：【Y】。
  ❗ 注意：将物体中分拆出一个面，拆分后仍为一个物体。

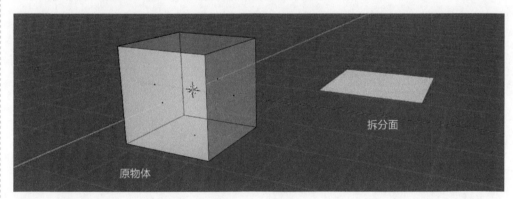

- 【分离】|快捷键：【P】。
  ❗ 注意：从物体中拆出的结构和原物体为两个物体。

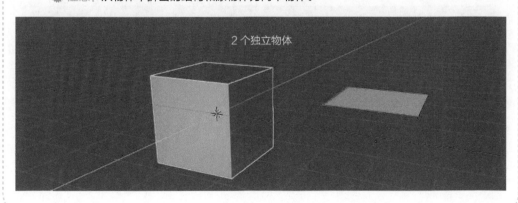

3 【顶点】、【边】、【面】。

● 【顶点】

■ 【顶点倒角】| 快捷键：【Shift+D】。

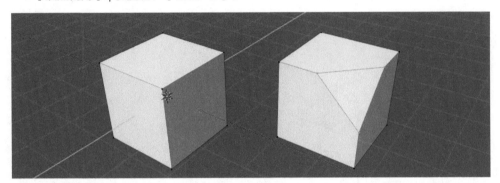

在一个顶点进行倒角。

■ 【从顶点创建边 / 面】| 快捷键：【F】。

　　❗ 注意：顶点可创建面，与【桥接循环边】不同的是只可一次创建一个面。

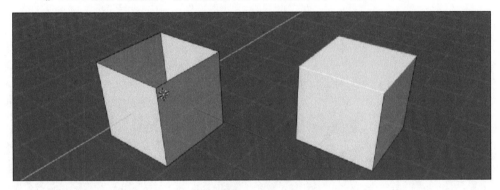

■ 【合并顶点】| 快捷键：【Alt+M】。

　　❗ 注意：可逐个选择顶点或选择方式不同，合并选项也会不同。

■【断离顶点】| 快捷键：【V】。

　　❗ 注意：将顶点和边断离开，相当于剪开。

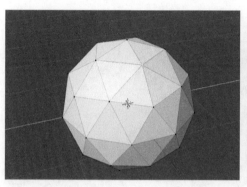 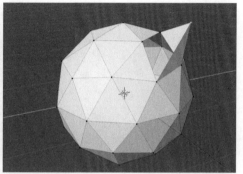

●【边】

■【桥接循环边】

　　❗ 注意：会根据顶点生成多个面。

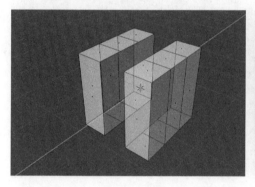 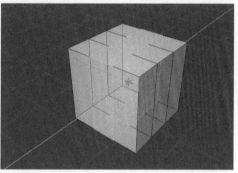

■【细分】

　　❗ 注意：通过细分网格，可对图像进行精细化控制。

原物体

细分

- 【面】
  - 【面实体化】
    - ❗注意：将曲面或平面转化为实体几何体。

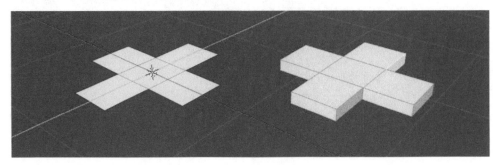

  - 【线框】
    - ❗注意：将实体模型以线框的形式显示。

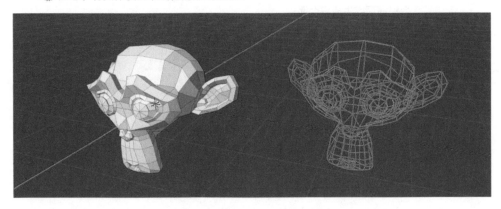

  - 【填充】/【栅格填充】| 快捷键：【F】/【Alt+F】。
    - ❗注意：在动画中"栅格填充"比一般"填充"更灵活、可控。

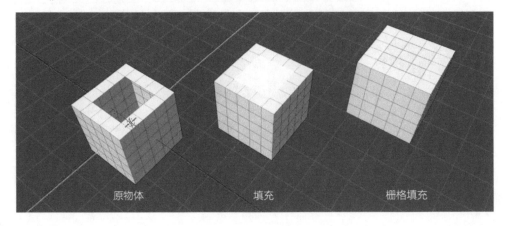

原物体　　　　　　填充　　　　　　栅格填充

3. 🔧【添加修改器】中常用的拓扑建模工具

⚠️ 注意：【添加修改器】中常用的拓扑建模工具通常在【物体模式】下使用。

1️⃣ 【布尔】：【物体】→【合并】| 快捷键：【Ctrl+J】。进行"加""减"等布尔运算。

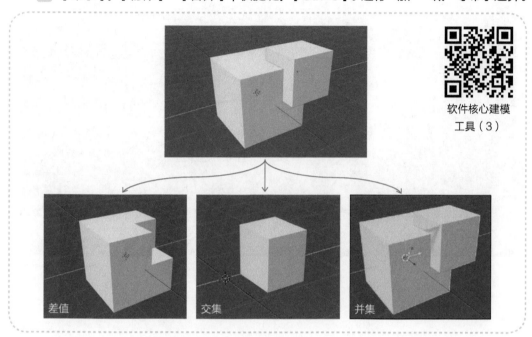

软件核心建模
工具（3）

差值　　　　　　　　交集　　　　　　　　并集

2️⃣ 【阵列】：将物体以一定规律创建阵列。

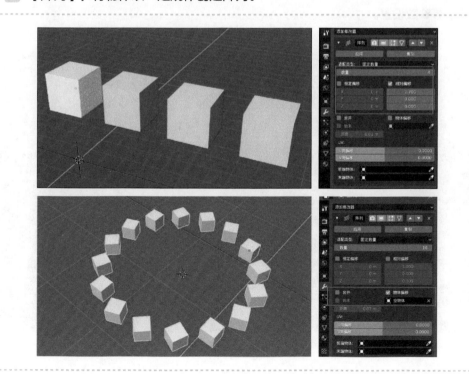

3 【镜像】：需要对称面 / 对称点，可创建【空物体】作为对称中心。

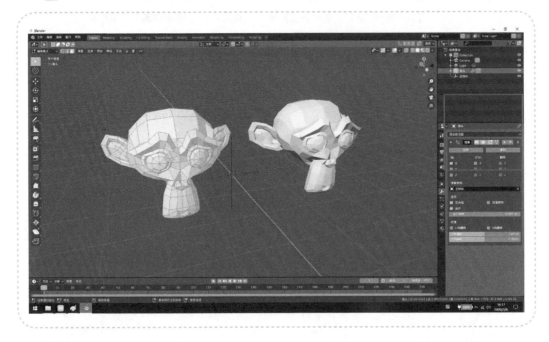

4 【表面细分】：在【编辑模式】选项中选择【添加修改器】进行【渲染】【视图】【品质】等参数设置。

二、数字雕刻建模工具

Blender 软件中数字雕刻的核心原理：通过各种笔刷工具创建三维模型，这个过程有点像"捏橡皮泥"。

进入【Sculpting】模块，在屏幕左侧【工具栏】中集合了所有数字雕刻建模工具的笔刷，其中主要分成四种类型：凹凸绘制型笔刷、平滑型笔刷、汇聚型笔刷和其他型工具。下面对常用笔刷进行说明。

数字雕刻 01

> **说明**
> - 在第一次进行数字雕刻练习时，新建一个【经纬球】，要给球体进行【表面细分】，否则效果不明显。
> - 在控制笔刷时，鼠标左键与【Ctrl】+ 鼠标左键互为凹凸效果。
> - 笔刷半径大小决定绘制范围，笔刷强度 / 力度决定凹凸深度，笔刷衰减决定笔刷边缘轮廓的虚实。

数字雕刻 02

数字雕刻 03

注意： 按【Ctrl】则相反，为凹陷；按【Shift】再按住鼠标可使表面平滑。

1 凹凸绘制型笔刷： 可通过增、减产生凸起或凹陷效果。

【自由线】
快捷键：【X】
可选择点、线等不同的描绘方法。

【显示锐边】
使网格偏离坐标，锐利衰减。适用于布料皱纹、头发等。

【黏塑】
快捷键：【C】
可设置调整笔刷作用平面，类似压平笔刷和绘制笔刷的组合。

【黏条】
类似于黏土笔刷，笔刷为立方体，而不是球体。

【层次】
快捷键：【L】
可以绘制出层状实体。

【膨胀】
使顶点向法线上移动。

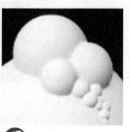

【球体】
将网格挤压成球形。

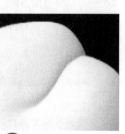

【折痕】【Shift】
创建尖锐的凹痕或脊线。

2 平滑型笔刷

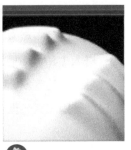

【光滑】
快捷键:【S】
使表面平滑。

【平化】
快捷键:【Shift+T】
压平笔刷将顶点推成
一个平面,与将顶点
推离平面的对比笔刷
相反。

【填充】
类似于压平笔刷,
不同之处是只将顶
点向上带。

【刮削】
与填充相反,只能
将平面上的顶点向
下推。

3 汇聚型笔刷

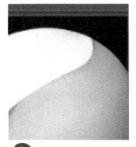

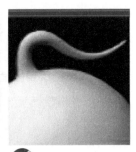

【夹捏】
快捷键:【P】
将顶点拉向笔刷
中心。

【抓起】
抓取活动顶点。

【弹性变形】
用于模拟弹性物体
等逼真的变形。

【蛇形钩】
快捷键:【K】
可拉动顶点跟随笔
刷运动,产生长而
呈蛇形的形状。

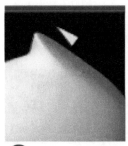

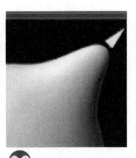

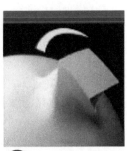

【拇指】
使网格沿笔刷方向
移动的同时变平,
类似于轻推笔刷。

【姿态】
可通过模拟骨骼形
态对模型进行调整。

【推移】
将顶点向笔刷运动
方向移动。

【旋转】
将顶点沿笔刷运动
的方向旋转,可创
建漩涡效果。

4 其他型工具

【简化】
简化网格数量,可减少计算机内存的占用量。

【遮罩】
快捷键:【M】
选择部分网格不受其他笔刷影响,通常显示为灰度。

【框选遮罩】
拖动鼠标将长方形内的部分进行遮罩。

【选框隐藏】
拖动鼠标将长方形内选种的网格隐藏。

第2节
渲染模式

Blender 软件拥有强大的三维渲染能力,可将三维模型渲染成色彩斑斓的图片或视频。

三维素模效果   三维渲染效果

要想三维渲染出好的作品,需要认识 Blender 软件中的三个模块:

一、材质

通常给一个模型设置材质要通过三个步骤:展 UV、绘制贴图纹理和上材质。

展 UV

1. 展UV

1 什么是"展UV"？

所谓"展UV"是指在给模型上材质之前，用两个轴向（U轴和V轴）的平面给三个轴向（X轴、Y轴和Z轴）的三维模型贴"贴纸"的过程。如同将图中立方体展开后，每个面都对应着自己的颜色一样。简单轮廓的模型如此，复杂的模型亦然。

进入【UV Editing】模式，新建【猴头】，进入【编辑模式】，全选物体，左侧屏幕出现的就是软件自动生成的UV贴图。通常"展UV"工作都是手动完成的，这样才能更精准。

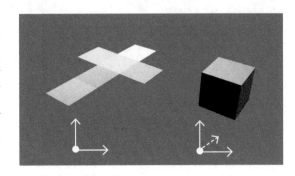

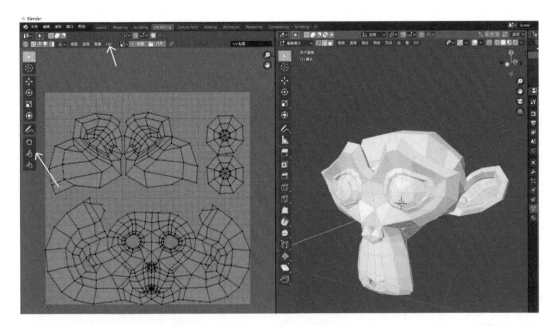

2 "展UV"有哪些常用工具？

UV展开工具主要分布在左侧【工具栏】中和 顶点 边 面 UV 中。

- 【工具栏】中常用的工具

- 【抓起】：较为柔和地将选中UV的点、线、面移动。
- 【松弛】：将圈选范围内的点进行松缓摆放。
- 【夹捏】：将圈选范围内的点向中心点聚合。

- 顶点 边 面 UV 中的常用工具

- 【标记缝合边】

相当于一把剪刀沿模型表面剪开的路线，告诉软件从哪里断开。

■ 【清除缝合边】

将已经"剪开"的缝合边再"粘合"起来。

■ 【展开】

将手动"剪开"的模型表面平铺在 UV 编辑工作区。

■ 【导出 UV 布局图】

以图片格式（.png）保存展开的 UV 平面图。

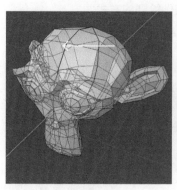 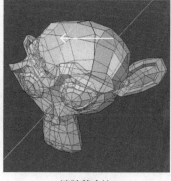 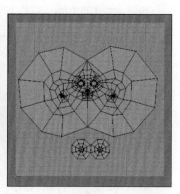

| 标记缝合边 | 清除缝合边 | 展开 |

3 **模拟训练**

● 模型分析：【猴头】脸部和耳朵内侧呈浅粉色，胡子呈黄褐色，眼球呈白色，眼仁呈红色。

● 展 UV →导出图片格式

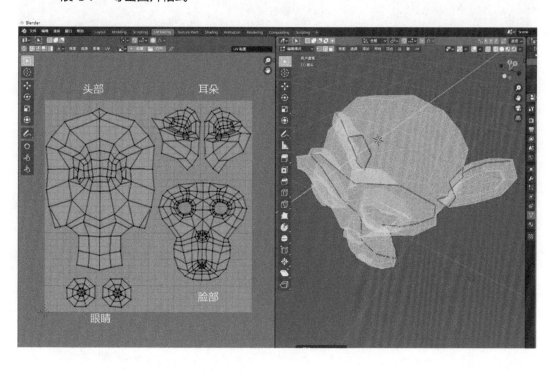

2. 绘制贴图纹理

绘制贴图

1 贴图纹理

"贴图纹理"指给三维模型的各个面"上色"或者"贴画"，好让模型看起来色彩更丰富，也更逼真。

绘制贴图纹理通常会使用第三方软件，如 Photoshop、Painter 等，这里只讲解 Blender 的贴图方法，在以后的章节案例再介绍使用第三方软件绘制的方式。

进入【Texture Paint】模式，新建【猴头】，进入【编辑模式】，全选物体，左侧屏幕出现的工作区域就是软件之前生成的 UV 贴图。

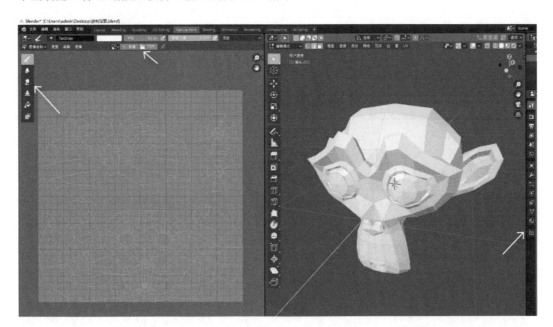

2 绘制贴图纹理的工具

Blender 软件中绘制贴图纹理的工具主要集中在 图像绘制 视图 笔刷 图像 ＋新建 打开 ，右侧【物品属性栏】 中和【工具栏】中。

● 【工具栏】中常用的工具 | 快捷键：【T】

【自由线】
可绘制大片色彩。

【柔化】
可使用模糊效果柔化或锐化图像。

【涂抹】
将点击鼠标处颜色与移动方向的颜色混合。

【克隆】

从指定图像复制色彩到活动图像。

【填充】

可使用笔刷颜色填充图像的大片区域。

【遮罩】

可通过调节图像强度，将网格的某些部分遮住。

- 图像绘制 视图 笔刷 图像 ✦ + 新建 📂 打开 ✧ 中常用的工具

  【视图】→【侧栏】| 快捷方式：N：工具的隐藏属性面板。

  【笔刷】：可在【工具设置】中修改笔刷的属性，可选择预设笔刷或自定义笔刷。

  【新建】：重新创建一个图层。

  【打开】：打开某种图片格式的贴图。

- 【物品属性栏】▦ 中常用的工具

  绘制任意贴图纹理，都需要在【物品属性栏】▦ 中【新建】图层。

③ 模拟训练

- 训练目标：导入之前展 UV 所保存的图片（.png）。

- 训练操作：进入【Shading】模式，【物品属性栏】→ ⬤ 【材料属性】→【新建】→
  【使用节点】，调出展 UV 所保存的图片（.png），连接两个节点，再返回【Teture
  Paint】模式，进入 ⬤ 【材质预览】模式。

  ❗ 注意：这一步属于上材质环节，这里仅为了能实时显示绘制效果而设置。

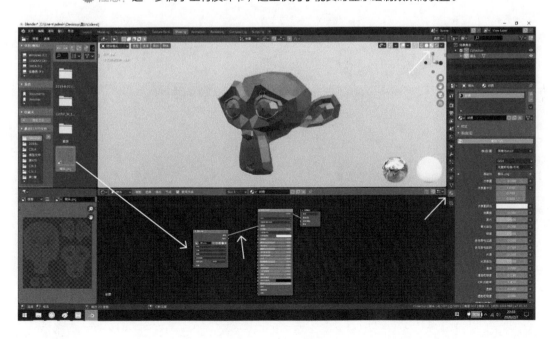

● 绘制纹理贴图：使用【工具栏】中 【自由线】笔刷绘制纹理贴图。

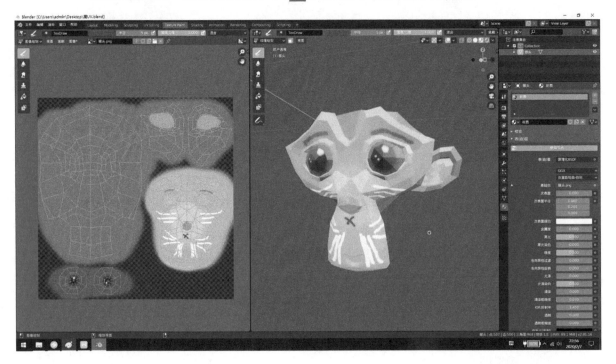

3. 材质

1 **什么是材质?**

真实的世界中，任何物体都有其自身属性，比如木制桌椅就是木头材料，茶具就是陶瓷材料等，而这些材料被称作"材质"。

指定材质

Blender 中模拟陶瓷材质渲染的图片

进入【Shading】模式，常用的材质工具主要集中在 ■ 物体 ∨ 视图 选择 添加 节点 ☑ 使用节点 ，右侧【物品属性栏】 中。

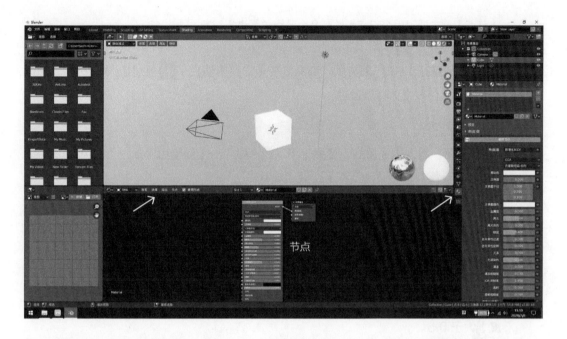

通常会有两种方法给物体上材质，一种是直接通过【物品属性栏】 新建材质球，直接在物体表面附着材质，另一种是通过添加各种"节点"。推荐添加"节点"来添加材质，以后再介绍其他方式。

2 **上材质有哪些常用的工具?**

● ▢ 物体 ∨ 视图 选择 添加 节点 ☑ 使用节点 中常用的材质工具

■ 【添加】：共有 10 种节点工具，每选择一种工具，节点编辑窗口都会出现相应的节点工具。

【输入】：创建一种输入信息或数据，如 UV 贴图等，可控制材质的原始数值。

【输出】：确定物体材质的最终输出形式。

【着色器】：选择各种材质的光泽和光线漫射方式，如普通物体可选择【漫射 BSDF】，灯泡可选择【自发光（发射）】，液体可选择【半透明】等。

【纹理】：在真实的物体上，除了颜色，再添加纹理，以使模拟对象更加真实，如【环境纹理】等。

【颜色】：对于色彩、饱和度等颜色属性的调节。

【矢量】：用于查找纹路坐标，类似用贴图纹理来控制色彩表现的一种方式，如【凹凸】可模拟真实物理的物体凹凸效果，但三维模型并不发生改变（注意：这个节点会让计算机运算量增大）。

【转换器】：可进行拆分或合并节点及节点所属功能的工具。

【脚本】：可使用文本编程器等控制节点。

【组群】：可通过分组的方式管理大量节点，快捷键：【Ctrl+G】或【Ctrl+Alt+G】。

【布局】：常在节点编辑工作区内管理大量节点时使用，方便查看。

- ■ 【节点】：主要对单个节点属性或几个节点关系进行控制。
- ● 【物品属性栏】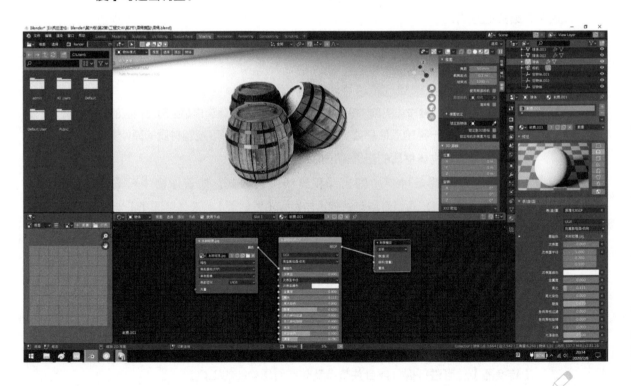 中常用的材质工具

给任意新创建的三维物体上材质，都需要在【物品属性栏】 中【新建】材质，通过调节其中的参数来修改物体材质属性。

4.模拟训练

1️⃣ **训练目标**：导入酒桶模型，选择【物品属性栏】→【渲染引擎】→【Cycles】（讲渲染器时会介绍）→【渲染预览】，模式观看。

2️⃣ **训练操作**：进入【Shading】模式。

- ● 分别选取"酒桶外围铁箍"→【物品属性栏】→【新建】→【光泽BSDF】，因为是金属材质，【高光】可以大于0.5，【糙度】可以小于0.5。
- ● 选取"酒桶"和"酒桶上下盖子"→【添加节点】→【着色器】→【原理化BSDF】+【纹理】→【环境纹理】→导入木制纹理图片，因为是木制材质，【高光】小于0.5，【糙度】大于0.5。
- ● 选取"酒桶瓶塞"→【添加节点】→【着色器】→【原理化BSDF】，【高光】和【糙度】可适当调整。

> **说明** 目前只给出了基本参数，没有涉及灯光和渲染器等内容。

二、灯光

在自然界中，如果没有阳光，世界就是黑暗的，在夜晚，如果没有星光或灯光，就什么也看不到。Blender 中的"灯光"就是在模仿自然界的光线，照亮物体。

设置光照

1. 光的种类

从光的发光角度、辐射面积又可将光分成四个部分：点光、日光、聚光和面光。可在右侧【物体属性栏】 💡 看到（注意其光照强度、光照范围和阴影效果的不同之处）。

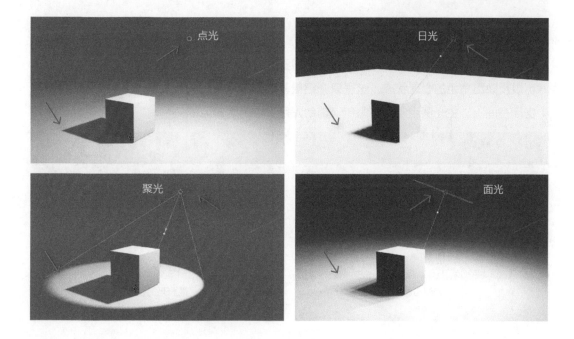

2. 三种经典的打光方法

1 三点光源法：从三个角度以"面光"形式照亮物体，适合给静物布光，无阴影。

光源布局

被照亮的物体

② **球形光源法**：创建一个【经纬球】，将其材质设置为"自发光"，将被摄物体完全包裹，即可以全局方式照亮被摄物体，适合给静物布光，无阴影。

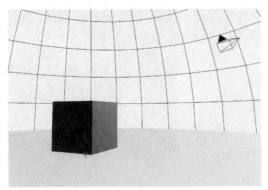

光源布局

被照亮的物体

③ **角色布光法**：通常给角色布光并不需要把整个场景和角色都打亮，存在一定阴影正好可以反映出角色的心理状态。这里只介绍最基础的三点布光法：背景光用于交代所处环境（密闭空间），主光源用于照亮角色，辅助光用于控制阴影范围。

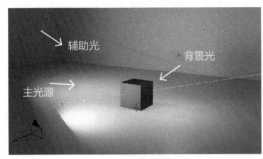

光源布局

被照亮的物体

3. 模拟训练

训练目标：使用"静物三点布光"法，照亮酒桶表面。

三、摄影机

"摄影机"是模型渲染的重要元素，如没有"摄影机"，则无法进行渲染。

1. 如何调节摄影机参数？

1 创建【摄影机】：【添加】→【摄影机】｜快捷键：【Shift+A】→【摄影机】

2 如何调节【摄影机】参数？

- 选中新建的摄影机，右侧【物体属性编辑器】就会出现  图标，可在其参数面板中进行调节。

- Blender 的摄影机完全模拟真实的摄影机，可以调节它的【位移】【旋转】【缩放】，也可以调节它的【景别】【景深】【光圈】等数值。

- 按小键盘"0"键，可以快速切换至摄影机视角。

- 【侧栏】｜快捷键：【N】→【视图】→勾选【锁定相机到视图方向】 ✓，可锁定在摄影机视角的情况下调节观看角度（注意：这一点很重要）。

2. 如何选择好的角度？

1 镜头语言：

全景
交代所有建筑、环境、角色、地点等。

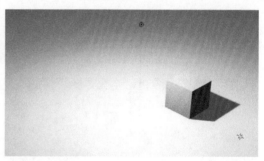

中景
比全景更进一步突出角色相互关系等。

近景
表现角色个体或某一建筑物全貌。

特写
突出表现角色或建筑、环境的某一细节。

2 **"黄金分割线"取景：** 独立静物和角色的摆放，可遵循"黄金分割原则"取景。

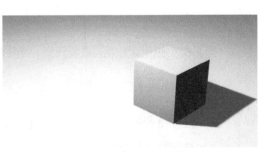

画幅中部取景   黄金分割原则取景

③ **轴线**：这条线实际中并不存在，但它是在镜头中为了表现主体之间的关系而人为虚拟出来的一条线。两个及以上角色摆放时，建议遵循"轴线"摆放，更有故事代入感。

3. 模拟训练

训练目的：摆放摄影机，在【Layout】模式下，【渲染预览】模式下观看。

透视图视角   摄影机视角

四、渲染引擎

"渲染引擎"是 Blender 在模型渲染过程中的一种算法，可在右侧 📷【物体属性编辑器】中打开。

1. 渲染引擎的三种类型

① 【Eevee】引擎：标准渲染法，可将物体基本属性表达清楚，适合卡通风格，计算机运算量较低。

② 【工作台】引擎：类似"黏土"渲染方法，更突出物体本身轮廓。

③【Cycles】引擎：光线追踪渲染法，对光照要很高，【采样】用于光线追踪，是光照解算的重要参数，可渲染写实风格的图片，计算机运算量很大。

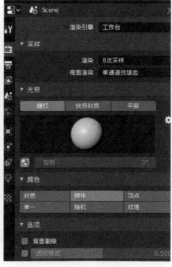

【Eevee】引擎　　　　　　　　【工作台】引擎　　　　　　　　【Cycles】引擎

- **预设**：在右侧【物体属性编辑器】中选择 ▣【输出】属性，对渲染的图片信息进行设定。
- **渲染**：信息栏中选择【渲染】→【渲染图片】| 快捷键：【F12】。
- **存图**：进入【Rendering】模块，选择【图像】→【保存】或【另存为】可保存渲染图片。

2. 模拟训练

训练目的：使用【Cycles】渲染引擎渲染酒桶，最终效果如下。

案例制作 - 酒桶

第3节 ▶▶◀◀
动画模式

Blender 软件拥有强大的动画编辑能力，能够轻松制作出动画素材，既可以独立成片，也可以为游戏提供动画素材。

想要制作出好的动画短片，需要知道以下三个方面的知识。

一、动画原理

①所谓"动画"就是将一张张图片按照指定的速度迅速播放的结果。

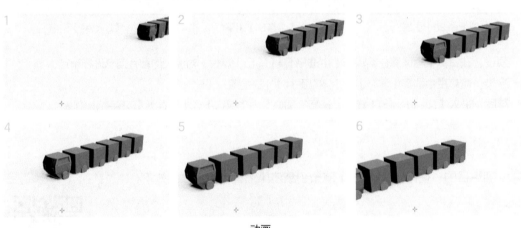

动画

② 动画是否连贯，取决于每张图片之间的间隔。

③ "动作"与"时间"是动画的两个最重要的元素。

二、动画制作流程

1. 动画制作分类

按照动画制作的对象，可以分成物体动画和角色动画两类。

物体动画

角色动画

2. 制作流程

①动画制作流程大致分为三个阶段：素材输入→动画设定→输出。

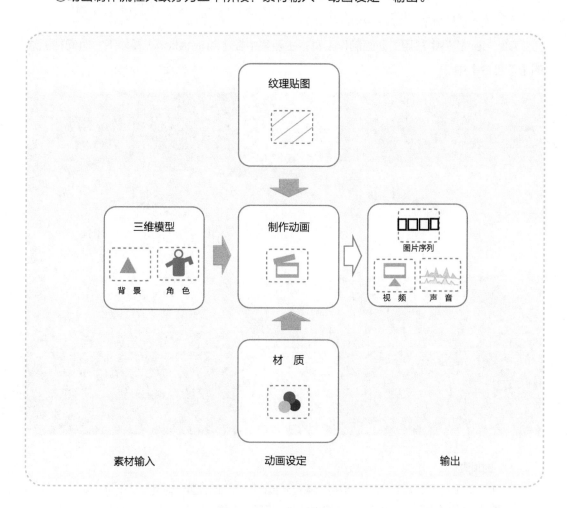

纹理贴图

三维模型

背景 角色

制作动画

图片序列

视频 声音

材 质

素材输入　　　　　　　　　动画设定　　　　　　　　　　　输出

②角色动画因制作的精细度较高，需要做动画的部分较多，制作量较大，因此形成了独特的动画制作流程：设定骨骼→骨骼绑定→蒙皮。

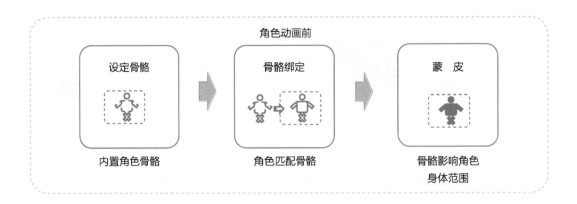

角色动画前

设定骨骼 → 骨骼绑定 → 蒙 皮

内置角色骨骼　　　角色匹配骨骼　　　骨骼影响角色
　　　　　　　　　　　　　　　　　　身体范围

三、Blender动画制作常用工具

1. 动画制作通用工具

Blender 软件中常用的动画制作工具，主要集中在【Animation】模块下方时间轴上端的【信息栏】中。

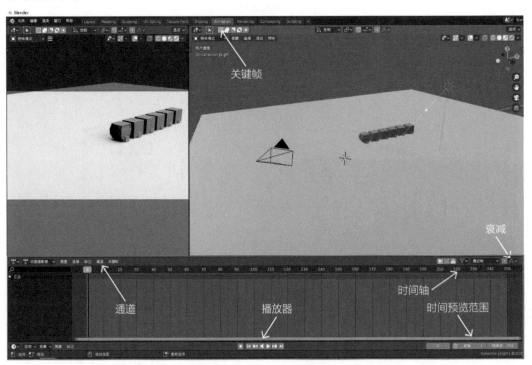

1️⃣ 时间轴

- 在时间轴上，可以通过鼠标左键滑动来控制具体时间点的位置，时间默认单位：帧。
- 【播放器】：有控制播放、返回等功能。
- 【时间预览范围】：控制时间轴整体长度。
- 【衰减】：控制动画的衰减方式，如：动作开始与结尾是否减速等。

2 **【通道】**

● **【外插模式】**：在超出预设时间范围时，继续以某种形式循环保持动作。

● **【删除通道】**|快捷键：**【X】**

3 **【关键帧】**

● **【插值模式】**|快捷键：**【T】** 可调节曲线控制动作频率。

● **【复制】**|快捷键：**【Shift + D】** 复制关键帧。

● **【粘贴】**|快捷键：**【Shift + Ctrl +D】** 粘贴关键帧。

● **【插入关键帧】**|快捷键：**【I】** 插入关键帧。

> ⚙ 注意：第一个关键帧可在选中物体时，进入【物体属性】栏（快捷键：【N】），对物体的【位移】【旋转】【缩放】等信息进行【插入关键帧】。

4 **如何输出动画？**

● 在 🖥 **【输出属性】**中确认动画的输出格式、输出路径等信息。

● **【信息栏】**→**【渲染动画】**|快捷键：**【Ctrl + F12】**。

2. 角色绑定工具

1 **设定骨骼**：模型设定骨骼的目的是便于角色做各种动作，简化动画制作。因为角色模型的精度较高，模型有很多细节，在制作动画过程时，如果每个零件都设定动画，就会特别烦琐，将它们都分在一个"组"里（"父子关系"），只需要给这个组里的一个关键模型制作动画效果，所有模型即可实现同样的动画效果。

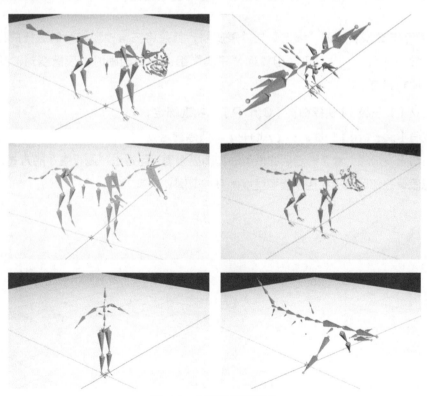

Blender 中自定义骨骼插件

- 【编辑】→【偏好设置】→搜索并勾选【Rigging Rigfy】，可在【添加】→【骨架】中找到 Blender 默认的骨骼插件。
- 为了确保角色动画的骨骼更便于操控，建议手动添加骨架:【添加】→【骨架】→【单段骨骼】。
- 选中【新添加的骨架】→【编辑模式】→ 选择骨架"球头"部分，可通过【挤出】|（快捷键:【E】）进行相关联的挤出，可通过【旋转】【位移】【缩放】进行相应的控制。

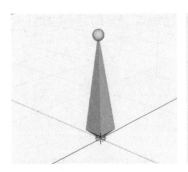  

- 选中"骨骼"→【编辑模式】→【姿态模式】，可以只对骨骼进行设定，而不会影响模型。
- 选中"骨骼"→右侧【物品属性栏】→ 【骨骼属性】可对新建骨骼数据调整。

2 **绑定与蒙皮:** 所谓"绑定"与"蒙皮"，就是将三维模型与骨骼进行成组，称之为"父子关系"，"父级"组管理"子集"组。制作动画时，只需要对"父级"组进行控制即可。

- 建立【父子级】|快捷键:【Ctrl+P】，实现绑定。
- 取消【父子级】|快捷键:【Alt+P】，清除绑定。
- 在动画设定时，骨骼绑定后的模型动作稍显僵硬，可通过"刷权重"的方式来解决，每段骨骼都可以单独控制模型强度的衰减范围。

Part Two

第 2 部分

创意
设计

第 3 章

独立模型设计

本章将通过五个不同的案例来巩固之前所学到的内容，将 Blender 中重要的模块和功能熟练使用。

本章案例按照难度等级进行了划分，用 ★ 的数量进行标注。

花栗鼠先生

难度等级： ★★★★★	建模｜卡通风格拓扑建模 渲染｜材质 Cycles 渲染引擎

超级战斧

难度等级： ★★★★★	建模｜游戏风格拓扑建模 渲染｜金属材质 Eevee 渲染引擎

阳光森林

难度等级： ★★★★★	建模｜LowPoly 风格拓扑建模 渲染｜Cycles 渲染引擎

怡心茶壶

难度等级： ★★★★★	建模｜欧式家具风格建模 渲染｜陶瓷材质 Cycles 渲染引擎

疯狂外星人

难度等级： ★★★★★	建模｜细分结构与实体化 渲染｜高光材质模拟

第1节 ▶▶
花栗鼠先生

花栗鼠先生
（建模）

难度等级：★★☆☆☆

设计工具：

- 使用【编辑模式】对点、线、面进行拓扑建模。
- 学会【镜像】的使用方法。
- 使用【渲染模式】给物体及物体表面上材质。

📎 模型设计

1 创建头部 / 嘴部

- 创建【经纬球】，设置段数为"16"。
- 创建【经纬球】，移动至大球体中下部，向下倾斜。

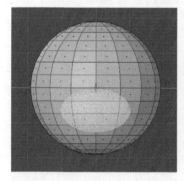
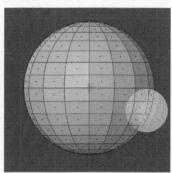

2 调节脸部

- 使用 🟦 分别选中与小球体接触的环线进行【缩放】调整，切换单视窗 / 四视窗｜快捷键【Ctrl+Alt+Q】。

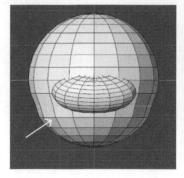
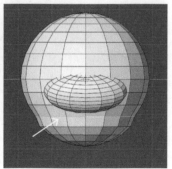

3 创建眼睛 / 鼻子 / 耳朵

● 创建【经纬球】，【复制】两次球体，并分别【移动】至鼻部和眼部。

● 复制【经纬球】，【缩放】成橄榄球状，向外侧旋转倾斜，单击 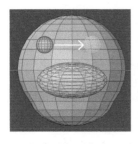，选择橄榄球内连续面，
　向里【移动】并向内【缩放】。

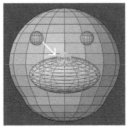

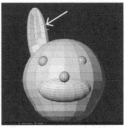

4 创建轮廓【镜像】

● 🔧【删除】另一侧，【修改器】→【添加修改器】→【镜像】，以Y轴为对称轴进行镜像。

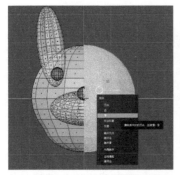

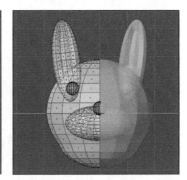

5 创建眼镜 / 领结 / 牙

● 新建【环体】+【柱体】，放至眼部，
　【镜像】后再进行细微调整。

● 创建【经纬球】→【镜像】，删除
　球内侧面，将环线移至中心。通过
　【环切】增加细分线段，再【缩放】
　领结扣。

● 创建【立方体】→【缩放】→【镜像】。

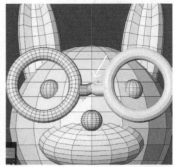

三维渲染

1 布置场景

- 创建【摄像机】。
- 创建两个相交【平面】作为背景。
- 调整镜头视角丨快捷键：【D】。
- 【锁定】相机视角丨快捷键：【N】。

花栗鼠先生
（渲染）

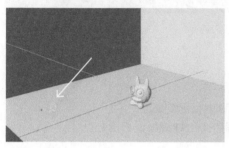

2 布置灯光

- 针对静物，使用"三点布光法"。
- 创建三个【平面】，分别给其设定自发光
  材质。

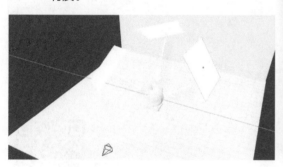

3 指定材质

- 使用 ⬤【材料属性】【编辑模式】，给模型中单独面分别指定材质丨快捷键：【O】。

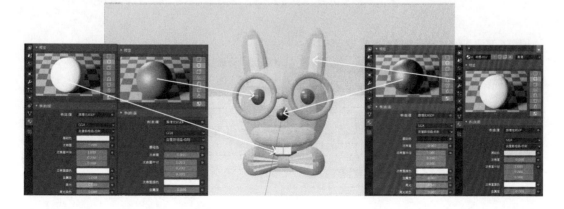

4 **渲染 / 输出属性设置**

- 打开 📷 ，在【渲染引擎】中【选择（Cycles）】，在【特性集】中选【支持特性】，【渲染】为 "128"，【视图】为 "32"。

- 在 🖨 【输出属性】中，选择输出格式等信息。

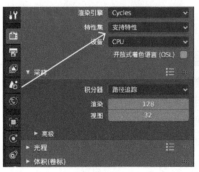 

渲染设置　　　　　　　　　　输出设置

5 **调整镜头 / 渲染**

- 调整【摄像机】位置，优化镜头效果 |快捷键：【O】。

- 复制出两个模型，通过调整【位移】和【缩放】如图片所示放置。

- 更改两个复制模型中眼镜和领节的颜色，并渲染图片，|快捷键：【F12】。

第 2 节 ▶▶▶
超级战斧

超级战斧（建模）

难度等级：★★☆☆☆

设计工具：

- 学会【导入】参考图。

- 在拓扑建模中，进行点、线、面的调节。

- 使用【渲染模式】中的【Eevee】渲染金属材质。

模型设计

1 导入参考图

- 在 X 轴正视图中，选择【添加】→【图像】→【背景图】。
- 选择【物品属性栏】→【图像】，调节图片透明度为"0.5"，并使 Z 轴与斧子中心对齐。

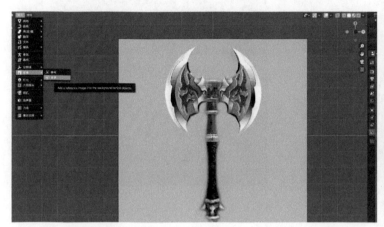

2 创建斧柄

- 创建【圆环】，使其与斧柄中间突起处边缘对齐。
- 通过【整体挤出】+【缩放】调整后，继续【整体挤出】，通过连续数次调整，将斧柄外轮廓整体建模成型。

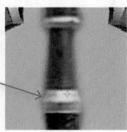

3 创建斧柄封顶 / 底

- 选择斧柄顶部环线，【顶点】→【合并顶点】→【到中心】| 快捷键：【Ctrl+M】。

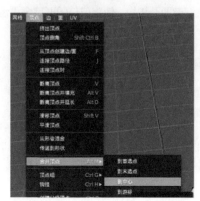
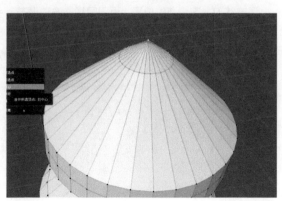

● 选择斧柄顶部环线，【顶点】→【从顶点创建边/面】| 快捷键：【F】。

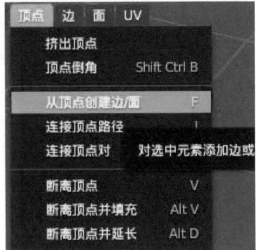

4 创建斧头

● 新建【柱体】纵向【缩放】压扁，【整体挤出】侧面并调节【缩放】，反复【整体挤出】至完成大体轮廓。

5 调整细节

● 调节斧刃上下尖点的位置，再用同样的方法调节斧头细节凹凸边缘，使斧刃与圆形完全重合。
● 通过【镜像】生成另一侧斧头。

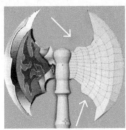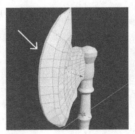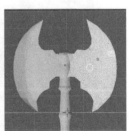

三维渲染

1 布置场景

- 创建【摄像机】。
- 创建【平面】作为背景。
- 复制出另一个战斧，并交叉摆放。

- 调整镜头视角 | 快捷键：【O】。
- 【锁定】相机视角 | 快捷键：【N】。

2 布置灯光

- 创建两个【点光源】，放置在斧头斜上方。
- 关闭【阴影】。

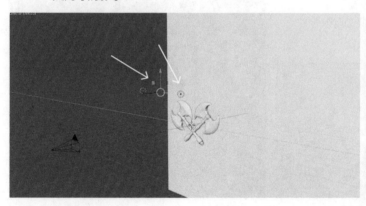

3 指定斧头材质

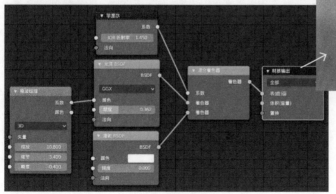

- 【光泽 BSDF】：模拟金属材质。
- 【菲涅尔】：模拟金属折射率。
- 【漫射 BSDF】：模拟漫反射。
- 【噪波纹理】：模拟金属拉丝。

斧头材质节点参考

4 指定斧柄材质

- 【环境纹理】：插入木制纹理贴图。
- 【正片叠底】：加深颜色。
- 【漫射 BSDF】：模拟漫反射。

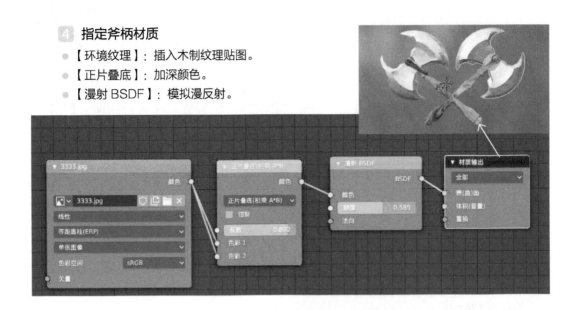

5 指定背景材质

- 【噪波纹理】：营造"烟雾"。
- 【原理化 BSDF】：模拟漫反射。

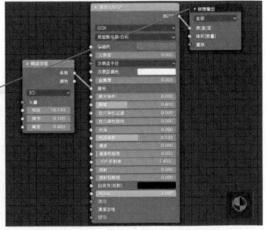

6 设置渲染 / 输出属性

- 打开 在【渲染引擎】中
  选择【Eevee】，【渲染】
  为"64"，【视图】为"16"。
- 在 【输出属性】中，勾
  选【覆盖】【文件扩展名】
  并进行【颜色】等设置。

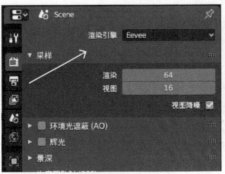

渲染设置

输出设置

阳光森林（建模）

第3节 ▶▶◀
阳光森林

难度等级：★★☆☆☆

设计工具：

- 了解 LowPoly（低多边形）建模风格。
- 使用【编辑模式】对点、线、面进行拓扑建模。
- 使用【渲染模式】给物体及物体表面上材质。

🎋 模型设计

1 创建树干

- 创建【柱体】，进入【编辑模式】调节顶点位置。
- 连续使用【整体挤出】创建面，控制树干生长走向向上。
- 在树干侧面不断使用【整体挤出】→【缩放】。

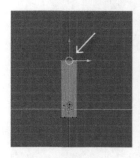

2 模拟树叶

- 创建【棱角球】，调整各顶点位置，使其呈现"松球"状。
- 复制多个"松球"放置在各"树枝"顶部。

③ 创建云朵 / 山脉

- 创建【平面】→【环切】，在多组经纬线顶点处调节使其呈起伏状。
- 横向拉长【经纬球】，并选择【复制】→【缩放】，重叠放置。

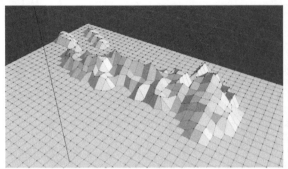 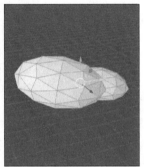

三维渲染

① 布置场景

- 创建【摄像机】，复制多组树，布置成树林状。

- 调整镜头视角 | 快捷键：【O】。
- 使用【锁定】固定相机视角 | 快捷键：【N】。

阳光森林（渲染）

 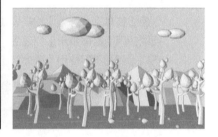

② 布置灯光

- 添加【光照探头】为场景内添加全照明。

 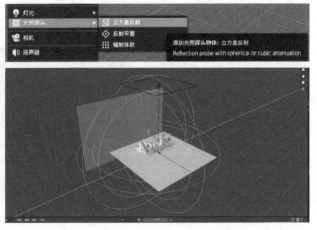

3 指定树林材质

- 使用 【材料属性】→【编辑模式】，给模型中每个独立模型分别指定材质 | 快捷键:【O】。

大树冠

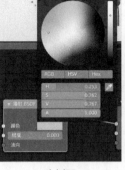
小树冠

树干

呈现效果

4 指定环境材质

- 使用 ⚫【材料属性】→【编辑模式】设置环境材质。

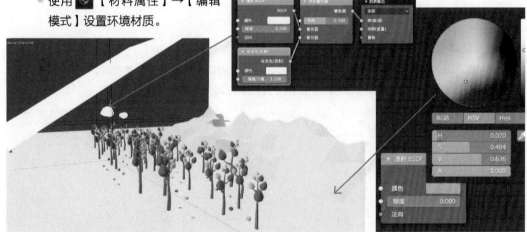

5 设置渲染 / 输出属性

- 打开 🎥，在【渲染引擎】中选择【Cycles】，【渲染】为"128"，【视图】为"32"。
- 在 🖨【输出属性】中选择输出格式等信息。

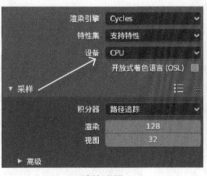
渲染设置

输出设置

难度等级：★★★★★

设计工具：

● 使用【编辑模式】对点、线、面进行拓扑建模。

● 学会【布尔运算】的使用方法。

● 使用【渲染模式】给陶瓷静物设置高光。

模型设计

1 创建茶壶主体

● 创建【经纬球】，设置段数为"16/16"，使用【编辑模式】调节球体结构。

● 使用【整体挤出】创建茶壶底座，使用【分离】创建茶壶壶盖部分。

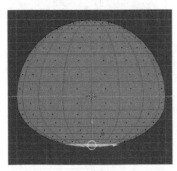 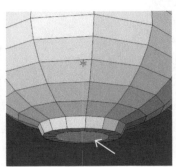 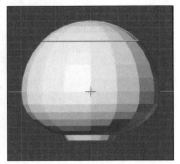

2 创建茶壶壶嘴

● 使用【柱体】创建壶嘴，使用【环切】添加环切线。

● 使用【编辑模式】调节环线，使其呈壶嘴状。

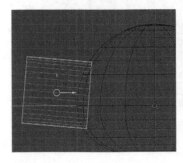 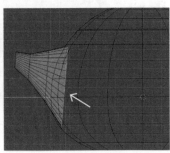 

3 创建壶盖把手 / 壶嘴挖孔

- 使用【环体】创建壶把，删除与茶壶柱体相交部分的面。
- 创建【柱体】，分别与茶壶柱体和茶壶嘴进行【布尔】→【差值】，进行挖孔。

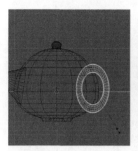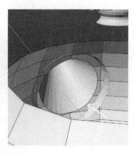

4 进行实体化 / 细分面

- 对茶壶使用【实体化】，适当调节零件衔接处。
- 对茶壶进行【表面细分】，选择【渲染】将【视图】设置为"4"。

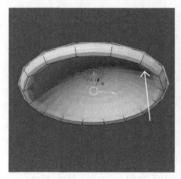

三维渲染

1 布置场景

- 创建【摄像机】、使用【平面】作为背景，创建【经纬球】作为环境。

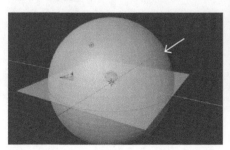

怡心茶壶（渲染）

- 调整镜头视角 | 快捷键：【O】。
- 使用【锁定】固定相机视角 | 快捷键：【N】。

2 布置灯光

- 选择顶部【面光】作为主光源，照亮场景。
- 选择底部【面光】创造出物体更多高光。
- 选择背部【聚光】照亮物体轮廓。

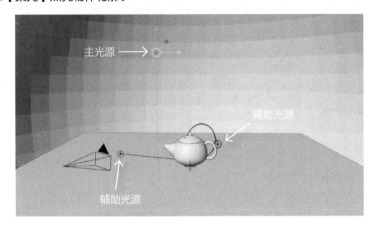

3 指定茶壶材质

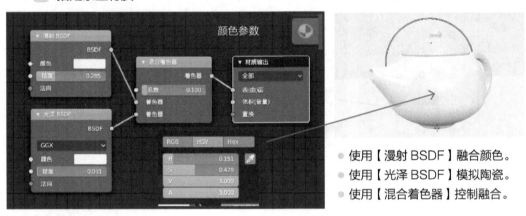

- 使用【漫射 BSDF】融合颜色。
- 使用【光泽 BSDF】模拟陶瓷。
- 使用【混合着色器】控制融合。

4 指定背景材质

- 使用【漫射 BSDF】融合颜色。

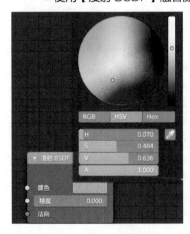

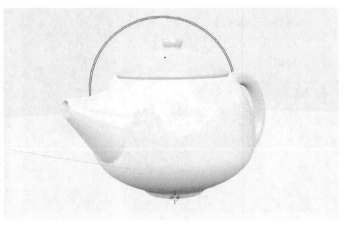

5 **设置渲染 / 输出属性**

● 打开 ，在【渲染引擎】中选择【Cycles】，并进行设置。

● 在 【输出属性】中选择输出格式等信息。

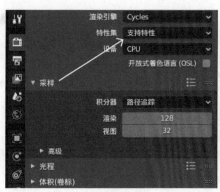

渲染设置

输出设置

小怪物（建模）

第 5 节 ▶▶

疯狂外星人

难度等级：★★★★☆

设计工具：

● 使用【编辑模式】对点、线、面进行拓扑建模。

● 使用【雕刻模式】中笔刷功能进行建模。

● 使用【渲染模式】给物体及物体表面上材质。

模型设计

1 **创建小怪物轮廓**

● 创建【经纬球】，添加【环切】线进行细分，调节点、线位置。

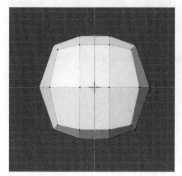
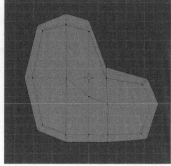
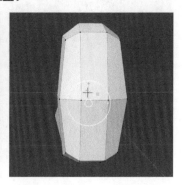

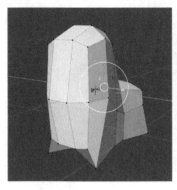 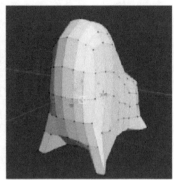 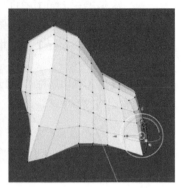

2 雕刻身体

● 进行 2 次【表面细分】，使用【雕刻模式】→【粘塑】，用笔刷使小怪物身体丰满。

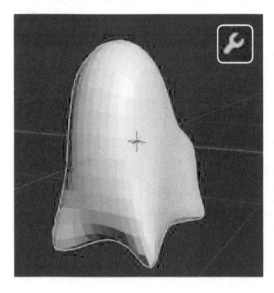 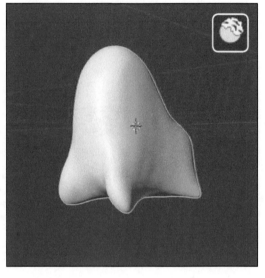

3 创建小怪物犄角

● 创建【柱体】并调节其呈锥状，连续添加【环切】线，并调节环切线进行【缩放】。

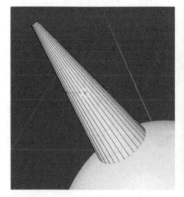 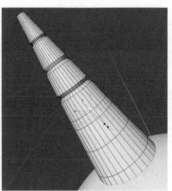 

4 创建小怪物眼部

● 创建 2 个【柱体】叠放仿眼球，执行【雕刻模式】→【膨胀】使眼眶圆滑。

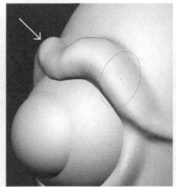
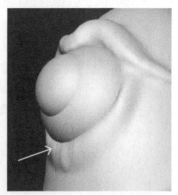

5 创建小怪物嘴部

● 使用【折痕】画出嘴部痕迹。
● 使用【粘塑】鼓出嘴唇。
● 使用【膨胀】使嘴部圆润。
● 创建【锥体】作为牙齿。

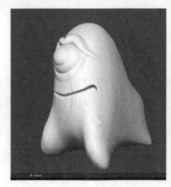
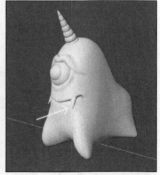

小怪物（渲染）

三维渲染

1 布置场景

● 创建【摄像机】。
● 创建【经纬球】和【平面】作为
  背景。
● 创建多个【经纬球】活跃气氛。

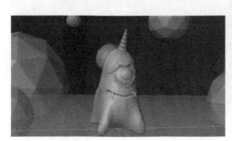

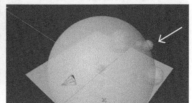

② **布置灯光**

- 顶部主光源【面光】强度最强。
- 使用侧上方辅助光源【面光】作为补光，强度较弱。

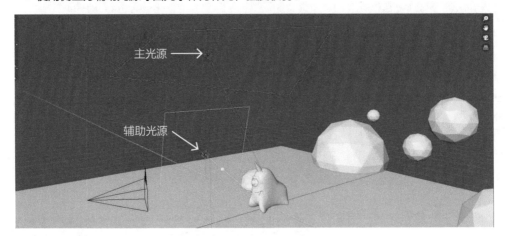

③ **指定材质**

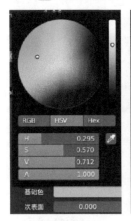
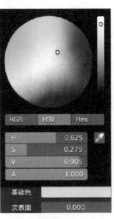
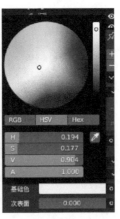

小怪物主体　　　　　　　背景材质　　　　　　　　小怪物

- 使用 【材质属性】→【编辑模式】，分别指定小怪物、场景材质主要材质参考给定参数，次要材质可自定义。

④ **设置渲染／输出属性**

- 打开 ，在【渲染引擎】中选择【Cycles】，并进行设置。
- 在 【输出属性】中，选择输出格式等信息。

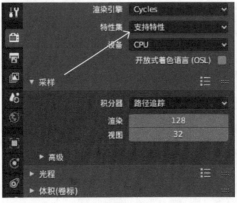

渲染设置

输出设置

第4章

主题场景设计

战狂请物
Blender 创意设计
与 3D 打印

经过前面章节的训练，相信现在的你已经对 Blender 核心功能模块有所掌握，在本章操作环节会进行适当跳步，如果影响到你的学习，建议先看微课视频再阅读书中步骤。

当然，也请你了解本章"模型分析"的这种拆解式学习方法，相信你不仅在操作熟练度上会有所提升，而且对了解创建一个项目的流程也会有很大的帮助。

1 科幻主题场景规划
- 构思 | 如何开展一个主题场景的设计。
- 流程 | 平面绘制→三维设计→最终呈现。

2 场景中的模型设计
- 建模 | 设计建筑、交通工具等模型。
- 技能 | 熟练拓扑建模工具的使用方法。

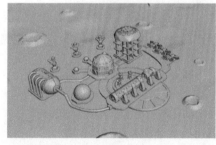

3 场景中的渲染呈现
- 渲染 | 科幻主题场景渲染。
- 技能 | 熟练【Cycles】渲染引擎。

| 创建故事板 | 场景绘制 | 元素创作 | 合成优化 |

1 创建故事板 | 构建创作条件 [STORY]

● 人类一直向往移民地球以外的星球,在那里创建基地,延伸人类文明。

● α 星是"猎户座"星系中一颗"类地行星",不论生存环境还是与地球的距离,都非常适合基地的创建。

● α 星地表早晚温差较大,日照充足,有着丰富的太阳能和地下矿产资源。

2 创建故事元素 | 依据条件设计场景

建筑类　　　　　　　交通工具类　　　　　　武器防御类　　　　　　信息通信类

3 细化故事元素 | 丰富场景细节

建筑类　　　　　　　交通工具类　　　　　　武器防御类　　　　　　信息通信类
主基地 / 能源采集器　多功能运输机 / 多功能　对空防御炮 / 对地防御炮　指挥中心 / 信号收集器 /
能源收集器 / 重工厂　地勤车　　　　　　　　　　　　　　　　　　　信号模拟室

4 创建故事元素 | 创建场景总平面图

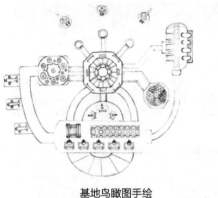
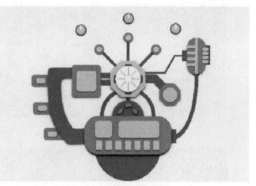

基地鸟瞰图手绘 　　　　　　　　　　　　　基地鸟瞰图电脑修正

5 元素创作 + 合成优化 | 建模 + 渲染 + 3D 打印

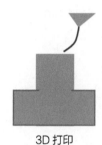

三维设计 　　　　　　　三维渲染 　　　　　　3D 打印

第 2 节 ▶▶
场景中的模型设计

难度等级：★★★☆☆

● 进行建筑类模型拓扑建模。

● 进行交通工具类模型拓扑建模。

● 进行防御武器类模型拓扑建模。

● 进行雷达通信类模型拓扑建模。

建筑类模型分析

主基地建筑群

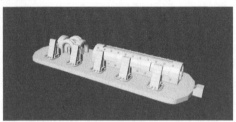

资源收集器

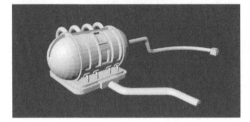

资源收集器

加工厂

基地指挥部 | 难度等级：★★☆☆☆

主基地（建模）

主基地建筑群模型分析

基地指挥部

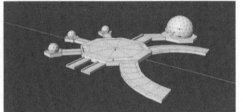

指挥部地基

---

1 创建基本轮廓

- 删除新建段数为"8"的【经纬球】的部分面。
- 使用【倒角】调节轮廓边。
- 使用【环切】线添加多组圆环边，并各自向外【整体挤出】。
- 向下调节顶点位置，使凹陷处调整平坦，并沿外侧面进行【倒角】。

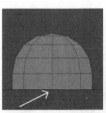

2 **创建铆钉 / 封顶（底）**

● 新建【柱体】，使用【环切】+【切】添加细分线段，并向内【整体挤出】"铆钉"侧面。

● 顶部封面：【合并顶点】快捷键【Alt+M】。
● 底部封面：【从顶点创建边 / 面】快捷键【F】。

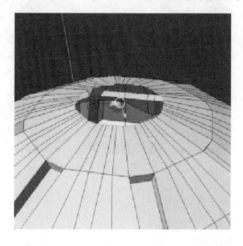 

3 **创建门 / 底座**

● 新建【柱体】并删除部分面，选择【内插面】→【整体挤出】，向内切出凹槽。

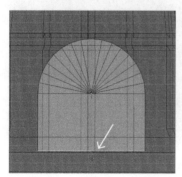 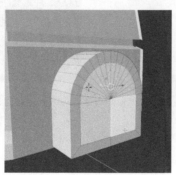 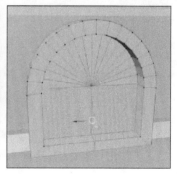

● 新建段 / 数为"8"的【柱体】，在顶面添加【内插面】→【整体挤出】台阶。

● 选中台阶周围面，添加【内插面】→【整体挤出】向内切出凹槽。

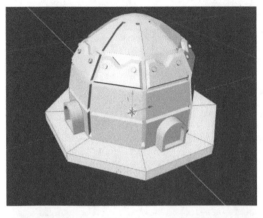
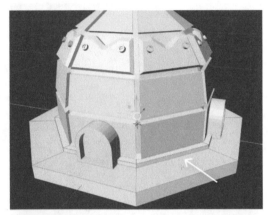

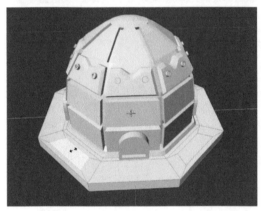
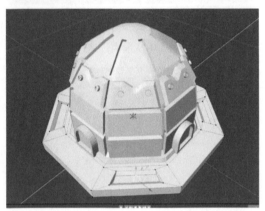

5 创建卫星城

● 沿"背景图"调节【立方体】各顶点位置，创建道路。

● 新建【经纬球】并删除一半，置于新建的多边形底座上。

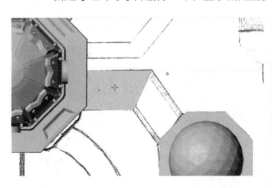
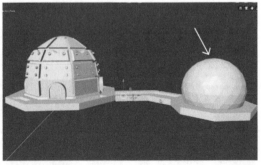

调整细节

- 复制多组"铆钉"环形放置在基地四周。
- 用同样方法创建其他道路。

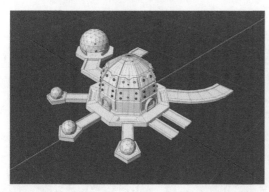
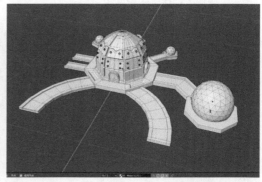

资源采集器 难度等级：★★☆☆☆

资源采集器（建模）

资源采集器模型分析

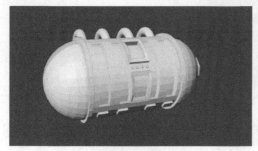

资源采集熔炉　　　　　　　　　　　熔炉底座

 创建资源采集熔炉

- 新建【球体】并沿中心向两侧拉长，选中图中所示的面【整体挤出】，用【缩放】功能调整均匀。
- 新建【环体】并选取其一半，一侧接入顶点另一侧向下延伸。

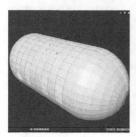
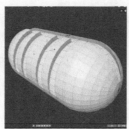

2 创建熔炉底座 / 细节

- 参考主基地底座制作熔炉底座。
- 使用【整体挤出】选中环形面，模仿显示器。
- 添加【柱体】创建按钮。

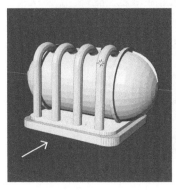 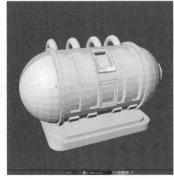 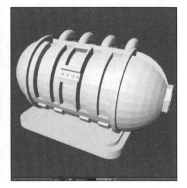

3 创建资源采集器

- 新建【柱体】并调节顶点位置，模拟管道。
- 连续使用【整体挤出】新建八边形【柱体】。

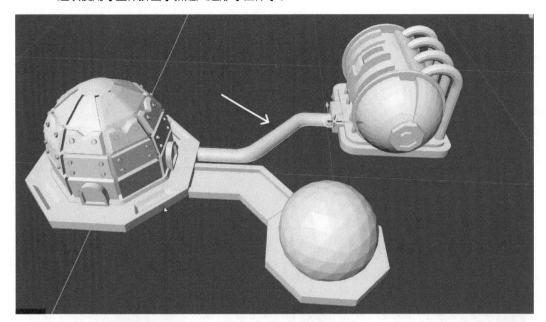

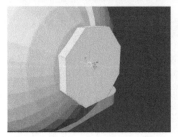  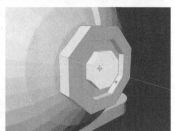

资源收集器 难度等级：★★☆☆☆

资源收集器（建模）

资源收集器模型分析

能源收集板

研发室

资源加工厂

地　基

1 创建能源收集板

● 新建【柱体】【经纬球】和【立方体】并分别调节其点、线位置，创建能源收集板零件，组合各零件。

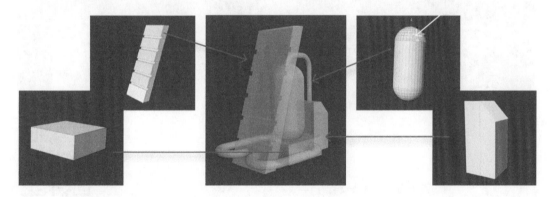

2 创建研发室

● 新建【柱体】【环体】和【立方体】并分别调节其点、线位置，创建研发室零件，组合各零件。

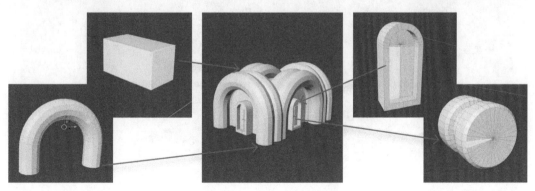

3 创建资源加工厂轮廓

● 延长半个【柱体】，添加【环切】线。

● 将【环切】出的面，向内使用【整体挤出】模拟窗户。

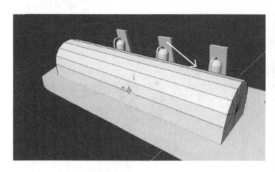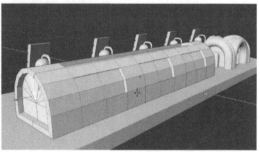

4 添加资源加工厂细节

● 复制"主基地"的"铆钉"和"研发室"的"门"，并移至加工厂柱体建筑中。

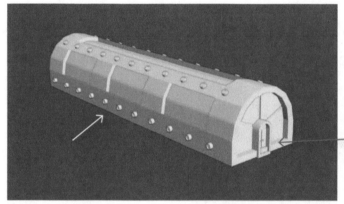

 加工厂 ┃ 难度等级：★★★★★

加工厂（建模）

加工厂模型分析

房顶与支架

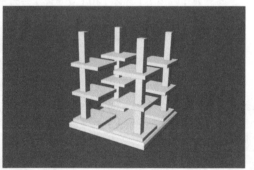

地基与支架

1 创建地基与支架

- 新建【立方体】→【环切】，选图中所示的面并【整体挤出】。
- 新建并复制多个【立方体】放置于"柱子"间。

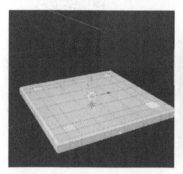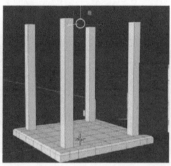

2 创建房顶及齿轮装饰

- 新建【棱角球】按【F】键删去一半并封底面，调整半球高度。
- 在房顶顶点新建直径为"32"的【柱体】，选择图中所示侧面并向内【缩放】。
- 新建图中所示【环体】，选择中间环线进行【缩放】，形成柱状。
- 复制多个齿轮，通过缩放成不同大小，随机放置在房顶凹处，并按房顶弧度调节贴紧。

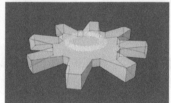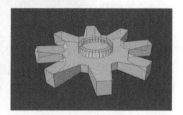

3 创建支撑柱

- 将选中部分【整体挤出】，选择【环切】，在其侧面选择【内插面】→【挤出】向内切出凹槽。
- 将支撑与房顶等组合为一体。

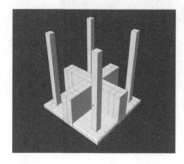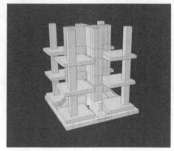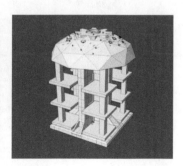

功能地勤车 | 难度等级：★★★☆☆

多功能车 - 上（建模）

多功能地勤车模型分析

多功能地勤车　钳形爪　车身主体　车轮　排气孔

1 创建车体框架

- 新建【立方体】并修改其顶点位置，通过【环切】和【挤出】等操作使其呈车体大致轮廓。
  新建【环体】，尺寸为：大环直径24/ 小环直径4。

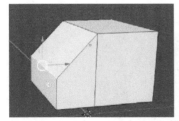
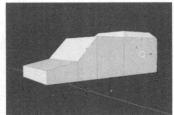
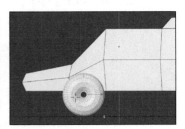

2 细化车轮

- 选择圆环内环面并删除。
- 选择【填充】封上内侧面。
- 连续添加【内插面】→【整体挤出】，创建车轮中心细节的凹凸形状。
- 创建"铆钉"，放置在轮胎内侧。

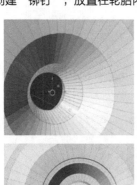

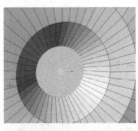
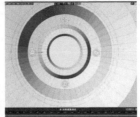

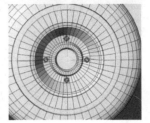

③ 创建挡泥板

- 新建【立方体】，通过【环切】添加细分线。
- 调整点、线位置，通过【倒角】处理边缘。

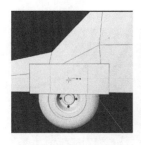 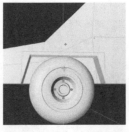  

④ 创建车头、车顶凹凸细节

- 对车体进行【镜像】，通过【环切】添加更多细分面。
- 多次添加【内插面】，通过向内或向外【整体挤出】调节顶点位置，
  创建车头、车灯、窗户和车顶太阳能板，并放多组【柱体】模拟太阳能板。

多功能车-下（建模）

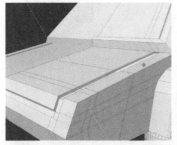 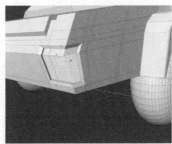 

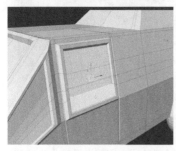  

⑤ 创建车体其他凹凸细节

- 多次添加【内插面】，通过向内和向外【整体挤出】，以及调节顶点位置，创建车窗。
- 用同样方法通过【整体挤出】创建前方保险杠和车顶翼。

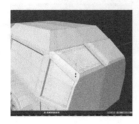   

6 创建钳形爪 / 排气管

- 创建【环体】并截取 1/4，将其【拉伸】连接至车体，在两端创建圆台。
- 节选【经纬球】部分面，对其进行【实体化】创建钳形爪。
- 创建【柱体】并拼合，完成排气管的创建。

多功能运输机 – 上
（建模）

 多功能运输机 | 难度等级：★★★☆☆

多功能运输机模型分析

多功能运输机

机翼　　　螺旋桨

运输机
主体

机身支架

航空炮

---

1 创建机身 / 机翼

- 新建【立方体】，通过多次添加【环切】生成网格，并通过【挤出】和各顶点调整为机身大概形状，通过【镜像】生成机身，再添加【环切】使机头呈流线型。
- 在侧面选择【内插面】并向外挤出，再在侧面选择【内插面】选中小矩形，并向外挤出生成机翼和尾翼，最后调整机翼和机尾的斜度与弧度等细节。

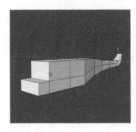 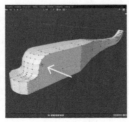 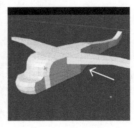 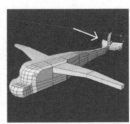

2 创建螺旋桨

- 新建【柱体】，并删除顶面，调节顶点位置，使其呈凹状，再通过【实体化】生成螺旋桨外罩。
- 新建 2 个【柱体】将其嵌套生成轴。
- 新建【平面】→【环切】，通过调节线段位置使面扭转，再通过【整体挤出】生成叶片实体。
- 通过圆形【阵列】生成其他 3 个叶片，即为一个完整的螺旋桨，再通过复制生成其他 3 个螺旋桨。

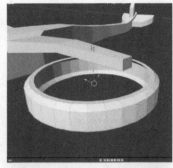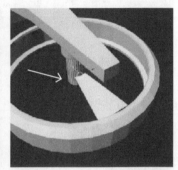

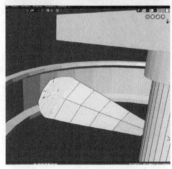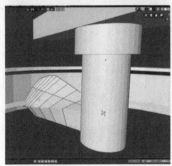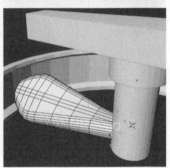

3 细化机尾翼与螺旋桨

- 从机翼和机尾两侧分别【挤出】一段机翼，使其与螺旋桨连接，并对机翼边缘进行【倒角】处理。

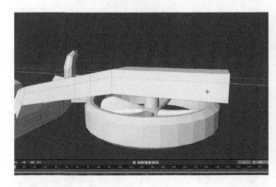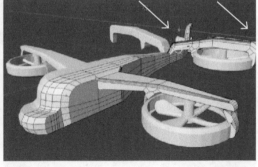

4 创建航空炮 / 排气管

- 新建【柱体】，选择底面添加【内插面】→【整体挤出】创建排气管。
- 新建【柱体】，并在其边缘进行【倒角】生成炮架，在其侧面放置 2 排【柱体】创建航空炮。

多功能运输机 – 下
（建模）

085

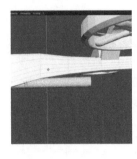 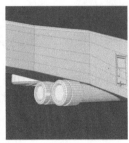  

⑤ **创建舱门 / 窗**

● 在机头添加【内插面】，手动选出舱门 / 窗，向内【整体挤出】舱门 / 窗。用同样方式创建出舱门把手。

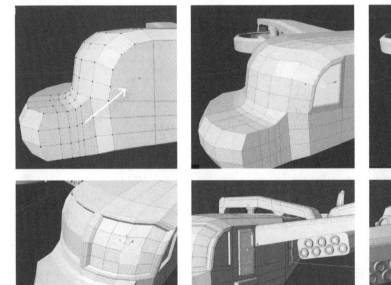

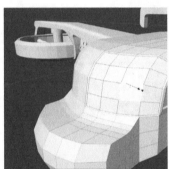

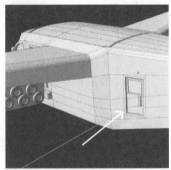

⑥ **添加排气管细节**

 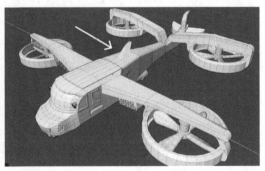

● 复制"排气管"与新建的【立方体】相结合，置于机头底部。
● 新建【立方体】，添加【环切】，调节呈三角体，置于机身顶部。

7 添加灯和支架细节

- 使用【内插面】→【挤出】制作灯、机头等更多细节。
- 新建【环体】，保留 1/4，其余删去，生成支架并复制 3 次，放置在适当位置。
- 新建【立方体】，调节生成底座并复制，放置在左右支架下。
- 新建【柱体】并调节生成探照灯。

 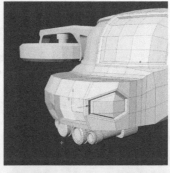 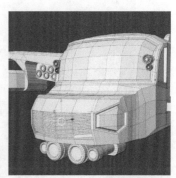

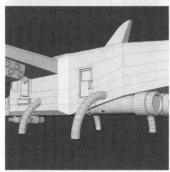 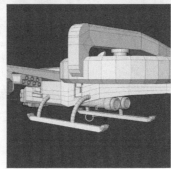 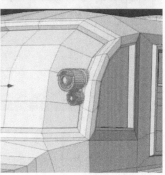

雷达（建模）

地对空武器 / 雷达收发器 ｜难度等级：★★☆☆☆

地对空武器 / 雷达收发器模型分析

地对空武器

雷达收发器

1 创建炮管 / 炮口

- 新建【棱角球】，选择面，并【整体挤出】。
- 选择【内插面】→向内或向外【挤出】。
- 重复数次，做出炮口。

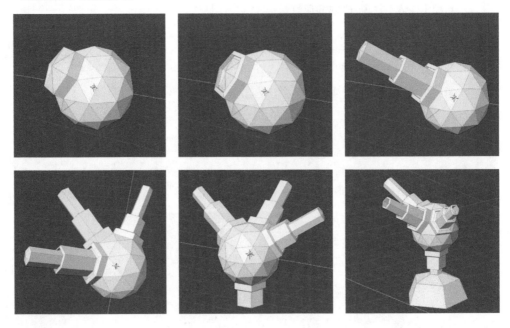

2 创建炮身细节

- 使同样方式【挤出】上端的信号台。
- 新建多个【柱体】经过调节组合成底座。
- 在底座棱柱面新建【经纬球】→【挤出】外轮廓边缘，添加细节。

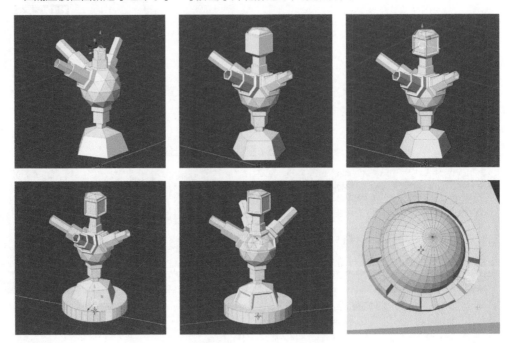

3 创建雷达收发器

● 新建【立方体】并添加【环切】，删除中间面，再【实体化】。

● 选择顶面向上【移动】+【旋转】。

● 新建【棱角球】切一半，并【实体化】，中间按图示加【柱体】、【经纬球】。

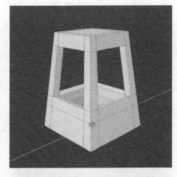

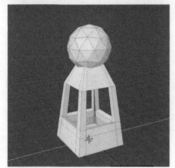
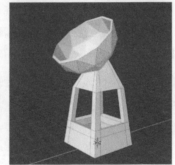

场景渲染

第 3 节 ▶▶

场景中的渲染呈现

梳理渲染流程

创建
相机

布置
场景

纹理
材质

设置
灯光

设置
渲染器

089

1 布置场景

● 创建【平面】背景，新建【柱体】调节顶点位置，呈现陨石坑效果。

● 创建【经纬球】作为"基地保护罩"。

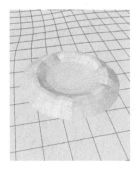 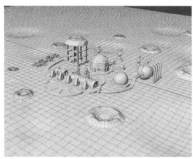 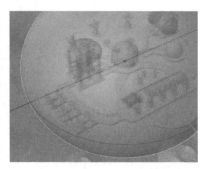

2 创建相机

● 斜上45°角处创建相机，展现场景全貌，避免场景内建筑高低相叠，增强层次感表现。进入镜头视角调整 | 快捷键：【O】。

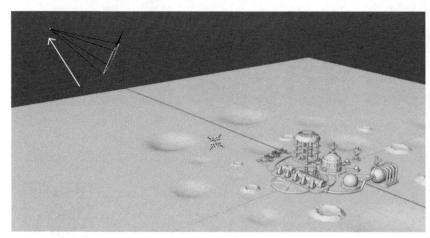 

● 【锁定】相机视角 | 快捷键：【N】。

● 【切换相机】需要多个角度渲染时，可以选中该角度相机后进行相应设置。

 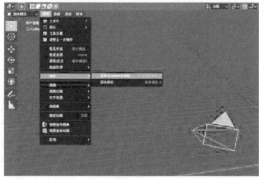

3 纹理材质

- 所有物体统一使用【原理化 BSDF】材质。
- "基地保护罩"使用【透明 BSDF】材质。
- 所有"门窗""车灯"统一使用"自发光"材质。
- 以上只给出参考颜色。设计时可根据自己喜好自行调节。

 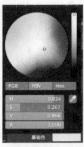  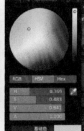

4 设置灯光

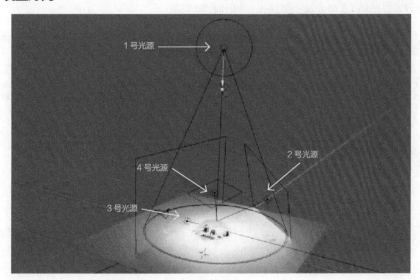

- 设置灯光颜色 | 1 号光源：顶光源，打亮场景。

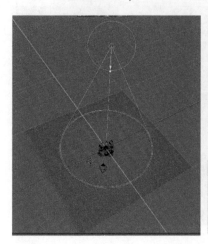  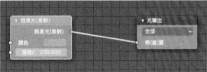 

● 设置灯光颜色 | 2 号光源：主光源，模仿日光。

● 设置灯光颜色 | 3 号光源：辅助光，照出阴影效果。

● 设置灯光颜色 | 4 号光源：辅助光，凸显主基地。

5 设置渲染器 / 输出属性

- 打开 ⬜，在【渲染引擎】中选择【Cycles】，并进行设置。
- 在 ▣ 【输出属性】中，选择输出格式等信息。

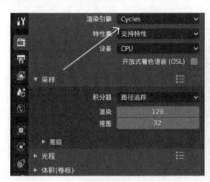 

渲染设置   输出设置

6 渲染效果

- 最终渲染效果如下。

整体渲染效果

局部渲染效果

疯狂造物

Blender 创意设计与 3D 打印

Part Three

第 3 部分

专项升级

第 5 章

机甲战士设计

本章课程介绍

　　本章我们将深入介绍 Blender 核心功能模块，进一步从"机甲"类作品的设计出发，展示此类作品的建模、渲染和绑定步骤。相信通过完成这样一系列的设计，你将会对制作机械类作品，尤其是机甲类模型有更深入的认识。

机甲战士

项目制作流程

模型设计 ＞ 三维渲染 ＞ 模型绑定

模型结构分析

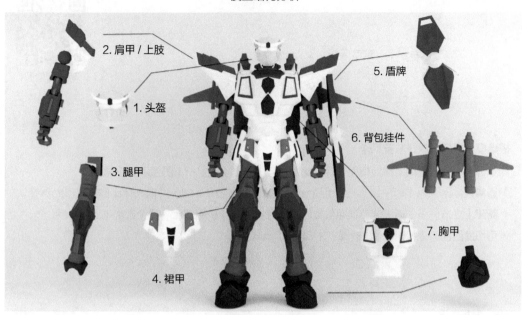

2. 肩甲 / 上肢

5. 盾牌

1. 头盔

6. 背包挂件

3. 腿甲

7. 胸甲

4. 裙甲

第1节 ▶▶
模型设计

模型设计流程

结构搭建 → 头部设计 → 胸甲和腹部设计 → 腿甲设计 → 肩甲设计 → 挂件设计

机甲类模型设计重要原则

- 创建模型的过程中有大量重复的命令。
- 设计方法 → 设计步骤。
- 切勿过分注重细节而忽略整体。

比例结构

构建轮廓

装饰细节

拓扑优化

导入背景图

一、结构搭建 | 难度等级：★★★★★

搭建模型框架，做好准备工作

- 主导入"人体线稿"作为模型设计的比例参考图 |【添加】→【图像】→【背景】。
- 通常人体比例为 1：7~1：8，机甲战士的比例为 1：12~1：14，所以人体比例图仅作为参考。
- 新建【立方体】，通过调节顶点位置，根据背景创建"机甲战士"各个部件的大致形状。
- 可切换四视窗进行调试 | 快捷键：【Ctrl+Shift+Q】。

！注：

导入背景，设置物体数据属性时，勾选下面两项。

物体数据属性
☑ 使用 Alpha
☑ 显示正交

人体线稿前视图

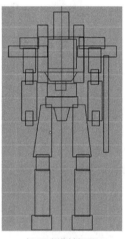
机甲建模前视图

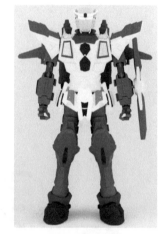
机甲成品前视图

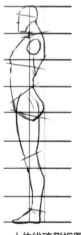
人体线稿侧视图

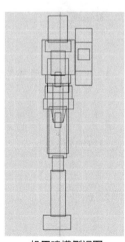
机甲建模侧视图

机甲成品侧视图

头部

二、头部设计 ｜ 难度等级：★★★★☆

模型头部结构分析

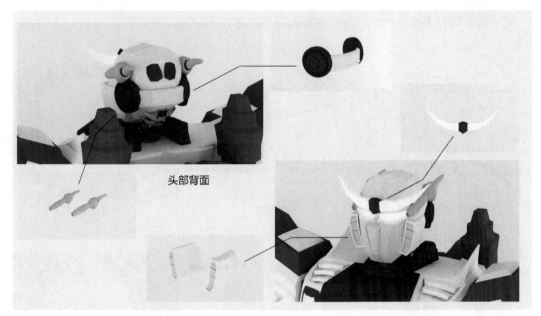

头部背面

头部正面

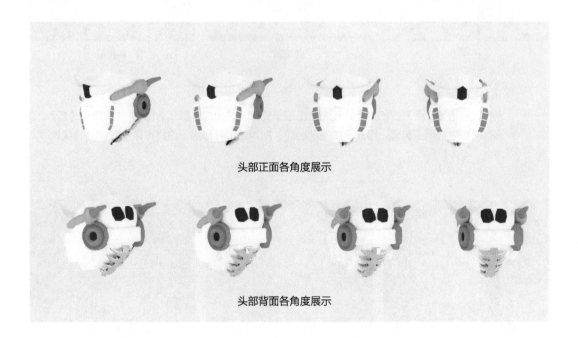

头部正面各角度展示

头部背面各角度展示

1 创建基本参照轮廓

- 新建【立方体】，参考头部框架，分别在 X 轴、Y 轴、Z 轴方向各添加 3 组【环切】线，调节顶点创建头部大体轮廓 | 快捷键：【Ctrl+R】。
- 删除左半面，通过【镜像】复制另一侧，进行对称设计，这样可简化操作 | 🔧【添加修改器】→【镜像】。
- 调节顶点位置，让立方体的每一面从任何角度看都是一个弧面（这一步确实不容易，请耐心调节）。
- 建模原则：用最少的线段勾勒出较复杂的造型，为计算机节省计算空间。

创建基本参照轮廓

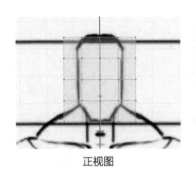 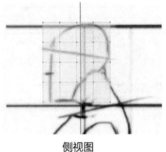 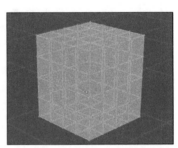

| 正视图 | 侧视图 | 透视图 |

创建头部主体轮廓

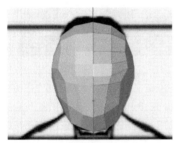 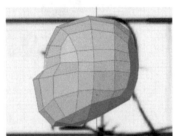 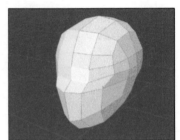

| 正视图 | 侧视图 | 斜视图 |

2 优化脸部细节

- 调整顶点位置，调节眼部附近线段勾勒出眼部轮廓，并向内【整体挤出】| 快捷键：【E】。
- 调整嘴部附近顶点位置，手动添加嘴部线段，向内缩小并移动，这样可以使嘴部更有层次 | 快捷键：【K】。

创建眼部细节

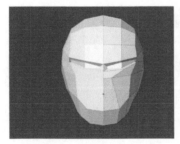 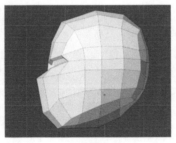 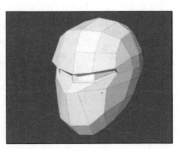

| 正视图 | 侧视图 | 斜视图 |

---- 创建嘴部细节 ----

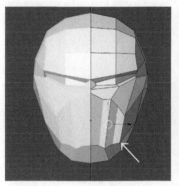

正视图

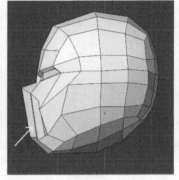

侧视图

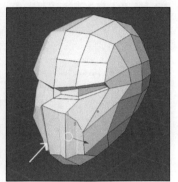

斜视图

3 创建信号接收器

- 新建【柱体】，与头部上侧平行，略微旋转后，生成信号接收器大体轮廓。
- 添加多组【环切】线，调整环线的位置与大小 |【移动】+【缩放】，创建信号接收器细节。
- 添加【镜像】，在头部两侧对称创建。

> ❗ 注意：因为圆柱体分别在 X 轴、Y 轴和 Z 轴上进行了旋转，因此在调整环切线位移时，可切换至【法线】模式移动，环切线才会沿着圆柱体方向移动。

头部信号接收
器 + 扩音器

---- 创建信号接收器轮廓 ----

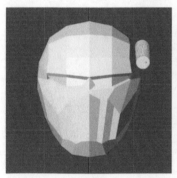

正视图

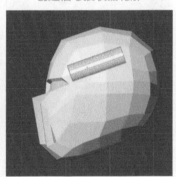

侧视图

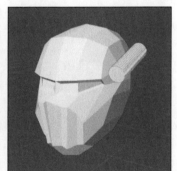

斜视图

---- 创建信号接收器细节 ----

正视图

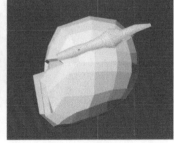

侧视图

斜视图

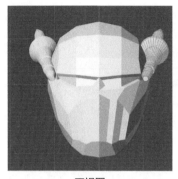
正视图

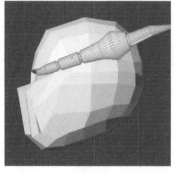
侧视图

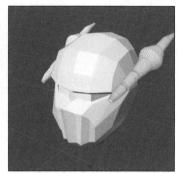
斜视图

4 创建扩音器

- 新建【立方体】，与头部侧面平行，略微旋转后，模拟扩音器大体轮廓。
- 分别在 X 轴、Y 轴和 Z 轴方向各添加 3 组【环切】线，调整顶点位置，使其呈弧形包裹脸部。
- 扩音器的正面和侧面均采用【内插面】→【整体挤出】→【缩放】，通过多次向内挤出，创建更多扩音器细节——"栅格"，显得更有细节感和层次感。

  注意：可先创建好一侧，再通过【镜像】生成另一侧。

创建扩音器轮廓

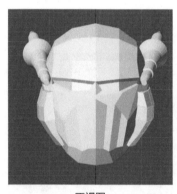
正视图

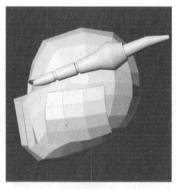
侧视图

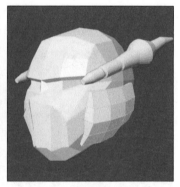
斜视图

创建扩音器细节

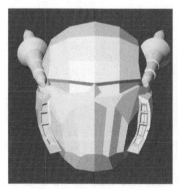
正视图

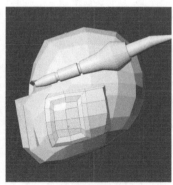
侧视图

斜视图

5 创建装饰头环

- 新建【立方体】，放至头部正上方，执行【镜像】命令，使其左右对称。
- 调节头环顶部可让"小长方形"末端变尖 | 快捷键:【Alt+M】（到中心）。
- 执行【镜像】，选择头环正面，执行【内插面】→【整体挤出】，创建
  头环其他细节。

  ⚠ 注意:不断【整体挤出】时，要贴合头部曲线并向内侧倾斜。

头环＋耳麦＋
头后细节

------- 创建装饰头环 -------

 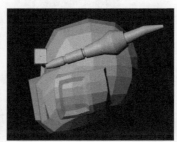 

| 正视图 | 侧视图 | 斜视图 |

------- 创建装饰头环细节 -------

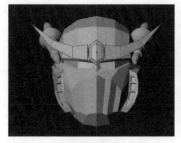 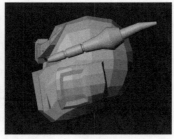 

| 正视图 | 侧视图 | 斜视图 |

6 创建头戴耳麦

- 新建【柱体】，至头部后方"发声器"后，执行【镜像】命令，使其左右对称。
- 执行【内插面】→【整体挤出】，创建细节。
- 新建【长方体】至头顶后上方，添加环切线，并调整使其呈圆弧状，连接两侧"耳麦"。
  执行【镜像】命令，使其左右对称。
- 在头部后侧多次执行【内插面】→【整体挤出】，创建凹凸纹理，增添更多细节。

  ⚠ 注意:制作"耳麦"时需要调整旋转，让其更贴合头部的曲面。

------- 创建头戴耳麦 -------

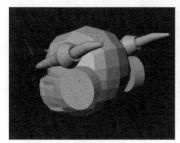  

| 创建柱体 | 内插面 - 缩放 | 重复操作 |

103

放置长方体

调整环切线

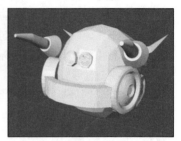

内插面 – 长方体

7 创建颈椎

● 新建【长方体】至头部后方"脊柱"位置,添加环切线并调节,使长方体弯曲变形,执行【镜像】命令,使其左右对称。

● 添加8组【环切】线,每隔一个侧面选取一个面,执行【内插面】→【整体挤出】。

> **注意:** 挤出来的部分要贴合头部曲面进行弯折(制作这部分也比较考验耐心)。

颈椎

创建颈椎

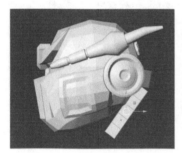

创建长方体

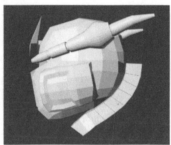

长方体变形

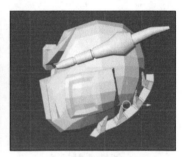

重复挤出

三、胸甲和腹部设计 | 难度等级:★★★★☆

胸甲

模型胸甲结构分析

1 创建胸甲整体轮廓

● 新建【立方体】，参考胸甲框架，分别在X轴、Y轴、Z轴方向各添加3组【环切】线 | 快捷键：【Ctrl+R】。

● 删除左半面→【镜像】对称设计，可简化操作 | 🔧【添加修改器】→【镜像】。

● 调节顶点位置，使机甲呈现坚硬的感觉，所以不要在转角处调整得太圆润。

● 选中前胸部分平面→【整体挤出】并调整顶点位置，使其呈"楔形"。

修改基本参照轮廓

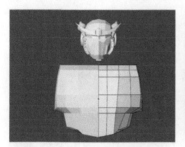
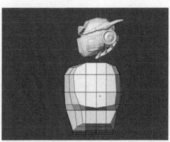
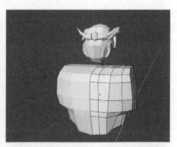

| 正视图 | 侧视图 | 斜视图 |

突出前胸轮廓

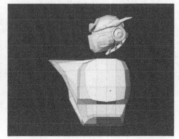

| 正视图 | 侧视图 | 斜视图 |

2 优化胸甲细节

● 选中正前方多处顶点向内侧归拢。

● 选中正前方的面，执行【内插面】→【整体挤出】→【缩放】步骤，创建更多凹凸效果，让模型更立体。

● 胸口位置执行相同操作，生成凹凸效果，模仿散热口效果，新建2个【立方体】，调整形状并放在胸口上作为"散热口"。

胸甲细节

优化主体轮廓

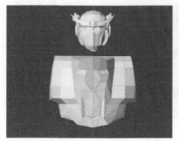
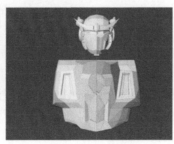

| 创建凹凸细节 | 创建前胸栅格细节 | 挤出突起 |

3 创建更多凹凸细节

● 在胸甲侧面执行【内插面】→【整体挤出】→【缩放】步骤，创建用于连接手臂的凹槽。

● 用同样的方式，在胸部和肩部衔接处创建"散热口"凹槽，连续新建多个【立方体】调整至散热口处，模拟散热叶片。

● 依旧执行相同步骤，在肩部背部创建更多凹凸和凸起细节。

创建更多凹凸细节

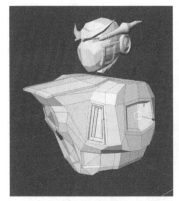
预留侧臂接口

创建散热口

创建栅格

优化主创建背部细节

肩部凹凸细节

背部凹凸细节

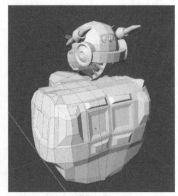
肩部凸起细节

4 创建腹部结构

● 新建【立方体】，分别在 X 轴、Y 轴、Z 轴方向各添加 3 组【环切】线 | 快捷键：【Ctrl+R】，并调整顶点位置。

● 在侧面调整顶点位置（尽可能不新增环线，减少变形），执行【内插面】→【整体挤出】→【缩放】步骤，创建凹凸细节。

● 选择部分外侧轮廓环线，通过【倒角】和移动线段位置，使边缘处产生弧面过渡效果。

⚠ 注意：在创建侧面凹处效果时，可删除向内挤出的底面，通过调整顶点位置，再重新补面，可产生如图所示的硬边效果。

---- 创建腹部结构 ----

正视图

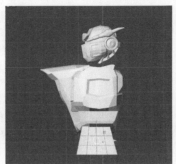

侧视图

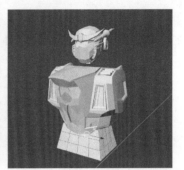

斜视图

---- 创建腹部细节 ----

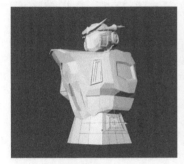

侧面凸起

侧面凹处

倒角

5 创建颈部护甲

- 新建【立方体】，分别在 X 轴、Y 轴、Z 轴方向各添加 3 组【环切】线 | 快捷键：【Ctrl+R】。
- 调整顶点位置，使立方体外轮廓呈现弧形，删除顶面和背面中部的平面（X），选择内部环线向下【整体挤出】，然后与剩余的底面合并（快捷键【Alt+M】），形成封闭物体，创建颈部护甲。
- 在侧面选中一小块面，执行【内插面】→【整体挤出】→【缩放】步骤，创建凹凸细节。
- 新建【柱体】→添加【环切】线→调整环线位置，创建脖颈连接及凹凸细节。
- 制作颈部模型时，可隐藏不必要的部分 | 快捷键：【H】/【Alt+H】。

颈部护甲

---- 创建颈部护甲 ----

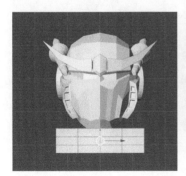

正视图

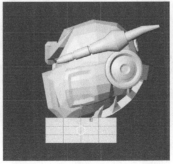

侧视图

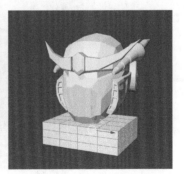

斜视图

107

调整轮廓曲面

重构顶/底面

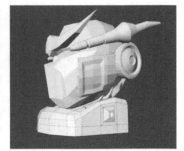

创建细节

创建脖颈连接

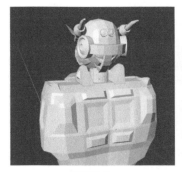

创建柱体

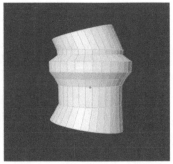

添加环切线

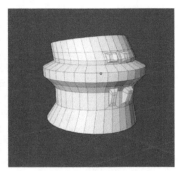

创建凹凸细节

四、腿甲设计 | 难度等级：★★★★☆

腹部 + 胯部

模型腿甲结构分析

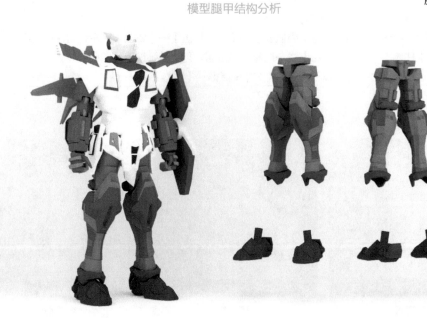

1 创建胯部整体轮廓

● 新建【立方体】，在底面选择面并【整体挤出】，创建"T"形结构，添加【环切】线 | 快捷键：【Ctrl+R】。

● 删除左半面，通过【镜像】进行对称设计，生成另一侧 | 🔧【添加修改器】→【镜像】。

● 选择"T"形外部轮廓线并进行【倒角】，模拟金属板拼接 | 快捷键：【Ctrl+B】。

● 选择"T"形下侧面，执行【内插面】→【整体挤出】→【缩放】→【旋转】。

⚠️ 注意：尽量垂直于底面，作为腿部的连接使用，使其更容易连接。

创建胯部整体轮廓

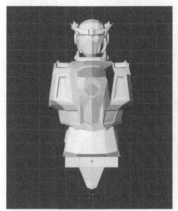  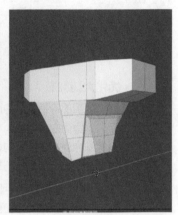

| 正视图 | 透视图 | 预留腿部连接 |

2 创建大腿整体轮廓

● 新建【立方体】，添加【环切】线，X 轴方向 2 条，Y 轴方向 2 条，Z 轴方向 3 条，根据参考图调节顶点位置，使大腿两端略细，中间略粗。

● 手动添加 2 条【切】线，让腿甲呈"之"字，选中"之"字边，执行【边】→【拆边】命令，将其分成前后两个部分，并删除与"胯部"衔接的面。

● 分别将大腿前后两端进行【实体化】| 🔧【添加修改器】→【实体化】。

● 通过【镜像】进行对称设计，生成另一侧大腿 | 🔧【添加修改器】→【镜像】。

大腿

创建大腿整体轮廓

 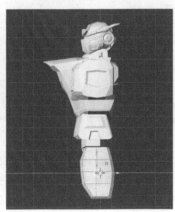 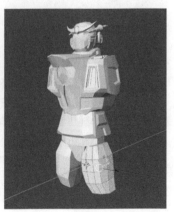

| 正视图 | 侧视图 | 斜视图 |

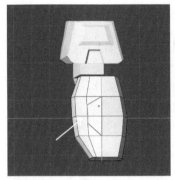
拆分线段

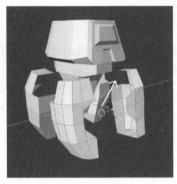
大腿内侧补面

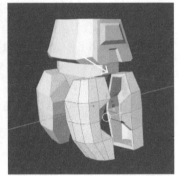
实体化

3 优化大腿细节

- 选取大腿后部分拐角处的面，执行【内插面】→【整体挤出】步骤，创建侧兜，手动添加若干【切】线，分别将内侧线段向内平移。
- 大腿后部内外拐角处，均创建侧兜，中间创建凸起，与其他凸起部分操作一样。
- 创建大腿前侧上下部的凸起，与之前方法相同。

> ⚠ 注意：若在整体挤出时出现"交叉面"的情况，可先取消【实体化】操作，等腿部外部结构调整完后，再重新执行。

优化大腿后部分细节

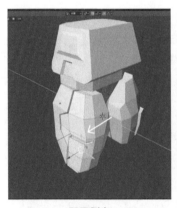
腿甲侧兜

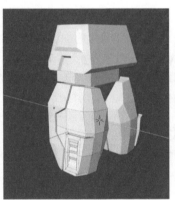
手动添加切线

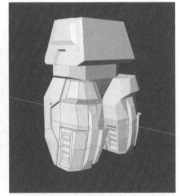
创建凸起

4 创建小腿机甲

- 新建【立方体】，在 X 轴和 Y 轴方向添加的【环切】线与大腿创建时相同，Z 轴与参考图基本一致即可，根据参考图调节顶点位置，创建小腿机甲轮廓。
- 选中小腿正面部分平面向前【整体挤出】2 次（根据参考图调整顶点位置，创建小腿机甲护膝）。
- 添加【环切】线，整体向内缩放可创建出多个钢板连接的效果，小腿机甲侧面及后面的细节调整，均可通过【内插面】→【整体挤出】进行。
- 新建顶点数为 6 的【柱体】，添加【环切】线并调整顶点位置，使其包裹于脚踝处，删除顶面／底面及部分纵向侧面，形成脚踝处护甲。

小腿

创建小腿机甲轮廓

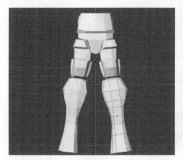

正视图

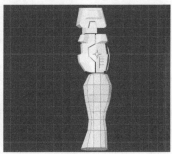

侧视图

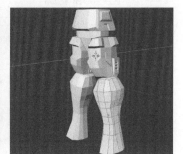

斜视图

创建小腿机甲护膝

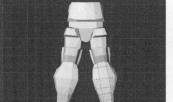

正视图

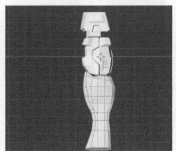

侧视图

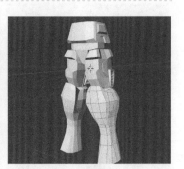

斜视图

创建小腿机甲细节

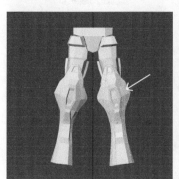

正面挤压出细节

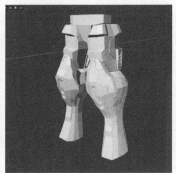

侧翼挤压出细节

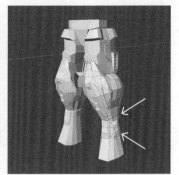

挤压缩放细节

优化小腿机甲

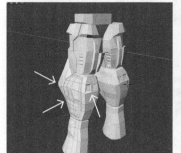

挤压后侧方细节

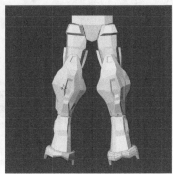

脚踝护甲正视图

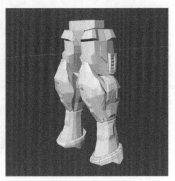

脚踝护甲斜视图

- 新建 2 个段数相同的【立方体】,大的为脚尖与脚掌部分,小的为脚跟部分。
- 在 X、Y 与 Z 轴分别添加 2 条【环切】线,调整顶点位置,使脚部轮廓呈弧形。
- 脚面上方选中部分面,执行【内插面】→【整体挤出】步骤,创建向下凹的效果。
- 脚跟两侧新建【柱体】,模仿之前"耳麦"的制作方法,创建脚跟细节。
- 新建【柱体】,截取【棱角球】一部分,并放置在脚掌中,模拟关节。

脚部

创建脚部轮廓

2 个新建立方体

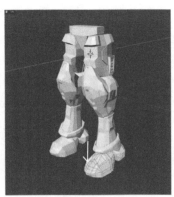

调整为弧面

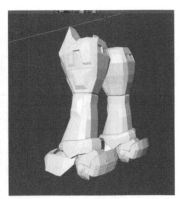

创建脚跟细节

五、肩甲设计 | 难度等级:★★★★☆

模型肩甲结构分析

1 创建肩甲轮廓

- 新建【立方体】，添加【环切】线，根据参考图，调整顶点位置呈图中所示外形。
- 将上下两端向里收缩，外侧则进行 2 次【内插面】→【整体挤出】，沿肩甲向外延展。
- 选择最下层轮廓线，可通过【倒角】，构建比较"硬朗"的过渡面。
- 删除左半面，通过【镜像】进行对称设计，生成另一侧 | 🔧【添加修改器】→【镜像】。

肩甲

———— 创建肩甲轮廓 ————

正视图

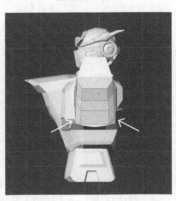

侧视图

斜视图

2 创建肩甲细节

- 在最外侧面，手动添加【切】线，执行【内插面】→【整体挤出】，创建"阶梯"和栅栏格。
- 手动添加一条【切】线，横向选择一条"之"字环线，执行【边】→【拆边】命令。
- 将肩甲横向分成两部分，上部分沿 Y 轴【缩放】后，再对两部分进行补面，模拟钢板连接。
- 在侧面添加 2 条【环切】线，删除底面及与胸甲贴合的面，通过 🔧【添加修改器】→【实体化】，创建壳体。
- 在肩甲前面与背面各创建一个凹凸效果，以增加更多细节。
- 在肩甲下方新建【圆柱】和【经纬球】，并添加一个横向【柱体】通过调整顶点位置，作为连接肩甲和大臂的关节。

———— 创建肩甲细节 ————

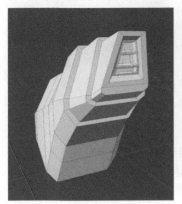

创建栅格栏

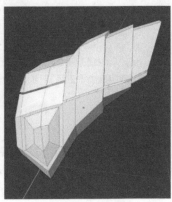

肩甲拆边（正面）

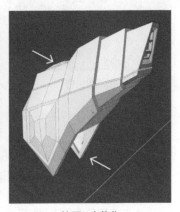

补面 / 实体化

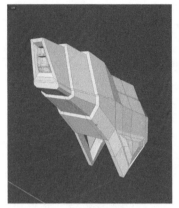

添加凹凸（背面）

添加关节

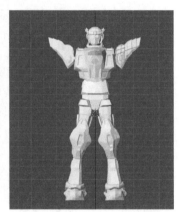

正视图

3 创建大臂

- 新建【立方体】，调节环切线位置，作为大臂轮廓 | 🔧【添加修改器】→
  【镜像】。
- 删除底面部分，选择大臂轮廓线分别进行【倒角】| 快捷键【Ctrl+B】。
- 选择顶面，执行【内插面】→【整体挤出】→【缩放】步骤，并预留与关节
  连接的凹槽。
- 手动封面，将删除的底面重新进行封闭，形成封闭造型，并预留大小臂连接
  凹槽。
- 在大臂前面与背面各创建一个凹凸效果，以增加更多细节。

手臂

创建大臂

创建栅栏格

肩甲拆边（正面）

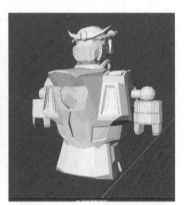

封面 / 实体化

4 创建小臂

- 复制"大臂"后，旋转180°，并在 Z 轴方向【缩放】，创建小臂 | 复制快捷键：【Shift+D】。
- 选择小臂前面，执行【内插面】→【整体挤出】→【缩放】步骤，创建凹凸细节，手动添加【环
  切】和【切】线构成"几"字状，缩放临近的环线呈"硬边"效果。
- 在小臂前面与背面各创建一个凹凸效果，增加更多细节。

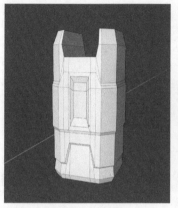

添加细节（正面）

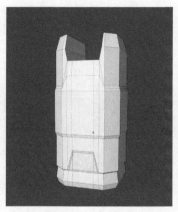

添加细节（背面）

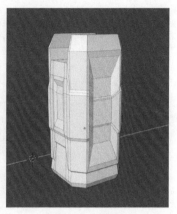

添加细节（侧面）

5 创建小臂外部护甲

- 复制"大臂"背部平面，并【整体挤出】一定厚度 | 复制快捷键：【Shift+D】。
- 手动添加【环切】线，通过 2 次【整体挤出】创建一侧的挂钩。
- 另一端侧面也通过 2 次【整体挤出】梯形体，并在 Z 轴方向【缩放】调节角度使边缘向内扣，并增加细节。
- 添加【环切】线，通过调节创建更多硬边细节。

创建小臂外部护甲

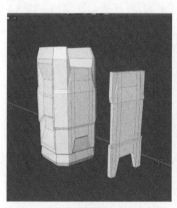

复制平面

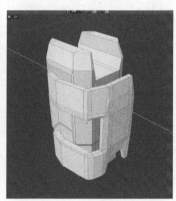

侧面挤出挂钩

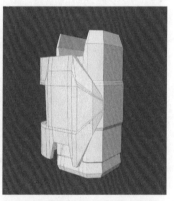

添加细节（背面）

6 创建大小臂连接件

- 新建【立方体】，在 X 轴方向添加 3 条【环切】线，在 Y 轴方向添加 2 条【环切】线，缩放中间环线，创建凹凸，调整顶点位置，创建连接件基本轮廓。
- 选择前端顶部 / 底部和两侧轮廓线，分别进行 2 次倒角，使过渡更圆润 | 快捷键：【Ctrl+B】。
- 新建 2 个【柱体】，分别放置在顶面 / 底面中间位置，模拟轴承，复制【柱体】后执行【内插面】→【整体缩放】，创建轮廓，手动在侧面添加【切】线→【整体挤出】，创建凹槽。

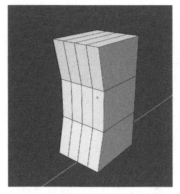

添加环切线

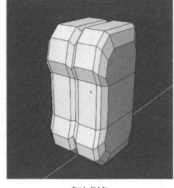

多次倒角

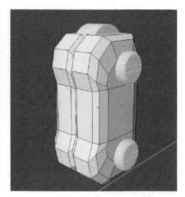

修改柱体

7 创建手部

手部

- 新建【立方体】，根据参考图创建手型结构的基础轮廓。
- 选中内侧面，多次执行【内插面】→【整体挤出】，创建手指。
- 手背两端进行【倒角】过渡，在顶部向内挤出，创建凹槽，预留关节位置。
- 选中手背部分面，执行【复制】→【沿法线挤出】→【实体化】，创建手部外侧护甲。
- 添加【切】线，创建手背凹凸细节，新建【柱体】+【棱角球】作为关节。

创建手部

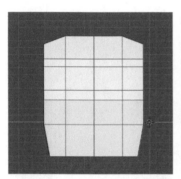

正视图

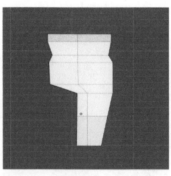

侧视图

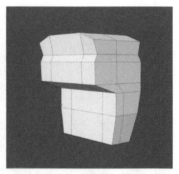

斜视图

创建手指

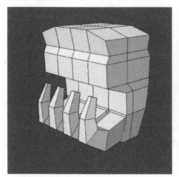

挤出四指

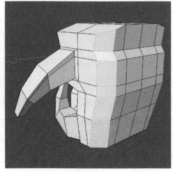

边线倒角

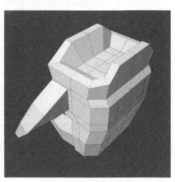

挤出顶部

创建手部细节

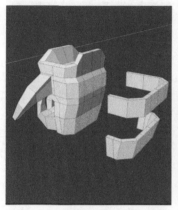

分离面 / 挤压

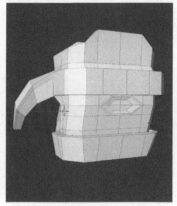

创建凹凸细节

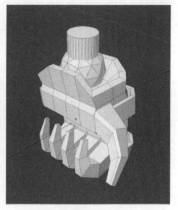

安装关节

六、挂件设计 | 难度等级：★★★★☆

模型挂件结构分析

1 **创建前裙甲和前侧裙甲**

- 新建【立方体】，添加【环切】线，调整顶点位置，创建前裙甲大体轮廓。
- 删除左半面，通过【镜像】进行对称设计，生成另一侧｜ 🔧【添加修改器】→【镜像】。

前裙甲

- 调整正面顶点位置，生成凹凸的外形轮廓，执行【内插面】→【整体挤出】命令创建出凹凸效果。
- 在前裙甲一侧分别新建 1 个【立方体】，添加【环切】线，调整顶点形成图示前侧裙甲形状；同上面通过【内插面】→【整体挤出】创建凹凸效果，并通过【镜像】复制另一侧的前侧裙甲。

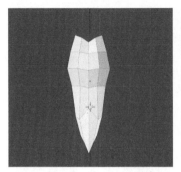

优化立方体

挤出凹陷效果

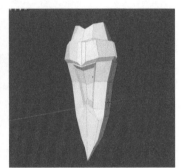

挤出凸起效果

创建前侧裙甲

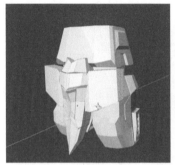

正视图

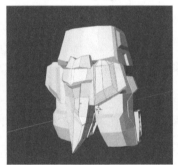

斜视图

预留腿部连接

2 创建后裙甲

- 新建 1 个【立方体】，添加【环切】线，调整顶点位置，创建后裙甲中间大致形状，通过【镜像】复制另一侧，并进行优化。
- 分别新建 2 个【立方体】，添加【环切】线，调整顶点位置，创建后裙甲两侧的大体轮廓。
- 删除左半面，通过【镜像】对称设计，生成另一侧 | 🔧【添加修改器】→【镜像】。
- 调整正面顶点位置，勾勒出凹凸外轮廓，执行【内插面】→【整体挤出】命令创建凹凸效果。

后裙甲

创建后裙甲

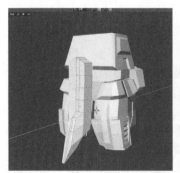

优化立方体

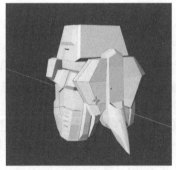

新建立方体

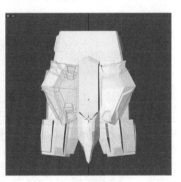

挤出凸起效果

3 创建侧裙甲

- 新建【立方体】，添加【环切】线，调整顶点位置，创建出侧裙甲大体轮廓。
- 删除左半面，通过【镜像】进行对称设计，生成另一侧 | 🔧 【添加修改器】→【镜像】。
- 调整正面顶点位置，生成凹凸外轮廓，执行【内插面】→【整体挤出】命令创建凹凸效果。

侧裙甲

------------------------------ 创建侧裙甲 ------------------------------

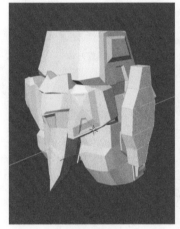

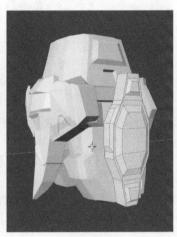

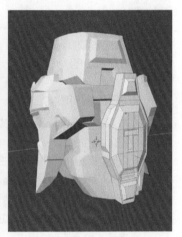

新建立方体 优化拓扑结构 挤出凹凸细节

4 创建背包挂件

- 新建【立方体】，添加【环切】线，调整顶点位置，创建背包大体轮廓。
- 新建八边形【柱体】放在背包和侧翼中间，通过添加【环切】线和【缩放】，添加"阶梯"式细节，再通过【镜像】创建两侧燃料推进器。
- 复制上面【柱体】下部，【缩放】后置于背包底部（注意封顶面）。
- 新建【立方体】，添加【环切】线，调整顶点位置，创建背包上侧左右两个凹槽和背包中间凸起大体轮廓，参考之前的制作方法，创建凹凸细节。

背包

------------------------------ 创建背包挂件 ------------------------------

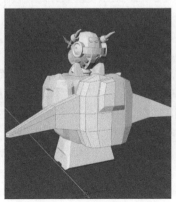

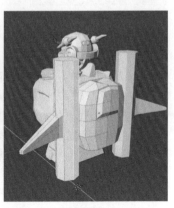

挤出背包凸起 挤出侧翼 新建柱体

添加切环线

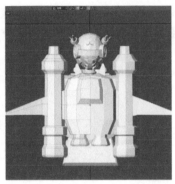

复制柱体下部

新建立方体

5 创建燃料喷射口

- 新建【柱体】，多次通过添加【环切】线→【缩放】放置在背包中下部，并调整顶点位置，创建发射器。
- 在喷射口圆柱和助推器柱体上再次添加【环切】线，执行【内插面】→【整体挤出】→调整顶点位置，再通过【镜像】创建背包后方尾翼。
- 新建【立方体】并置于侧翼中部，通过【倒角】完成转角过渡，使得整体圆滑。
- 侧翼相应位置添加【环切】线，【内插面】→【整体挤出】→【缩放】，完善凸起细节，再通过【镜像】复制出另一侧。

创建燃料喷射口

挤出背包凸起

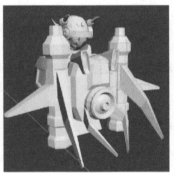

优化拓扑结构

挤出细节凸起

6 创建盾牌

- 新建【柱体】，添加多组【环切】线，通过【缩放】和调整顶点位置，创建铆钉。
- 新建 2 个【立方体】分别置于铆钉上、下两侧，添加【环切】线，通过【缩放】和调整顶点位置，创建盾牌轮廓，并使上下、左右对称（注意：正面内侧需要手动添加【切】线，才能挖空上下槽，并形成封闭图形）。
- 通过执行【内插面】→【整体挤出】→【缩放】步骤，在所选面创建更多凹凸细节。
- 新建 2 个【立方体】，将其十字交叉于"铆钉"，【整体挤出】两个长方体上、下两端弯折结构，并使其对称。

盾牌

创建盾牌

新建铆钉正视图

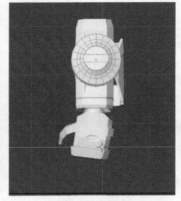

新建铆钉侧视图

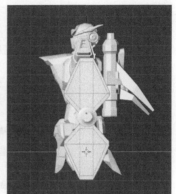

调整立方体轮廓

创建盾牌细节

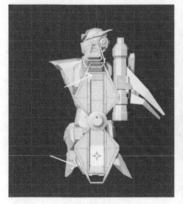

挖空上下槽

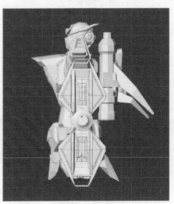

创建凹凸细节

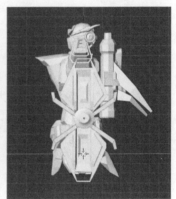

新建立方体

至此，完成整个机甲战士建模。

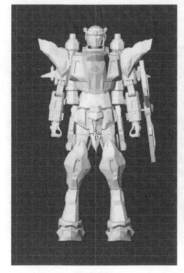

正视图

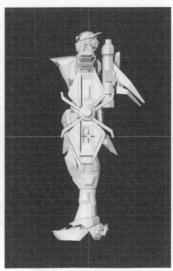

侧视图

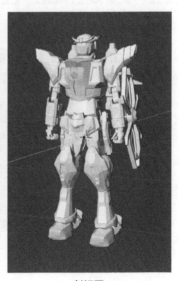

斜视图

渲染准备

渲染流程

1 创建场景

● 创建 "L" 形【平面】作为背景板，再创建另外 2 个【平面】作为面光。

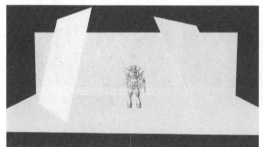
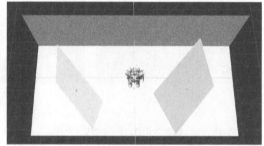

2 创建相机

● 在正对机甲战士的位置创建相机。

● 进入镜头视角调整 | 快捷键:【O】。

● 【锁定】相机视角 | 快捷键:【N】。

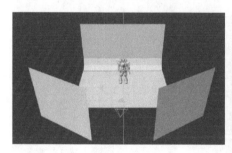

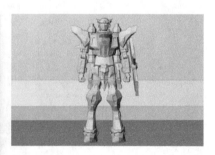

3 赋予材质

- 机甲战士总共使用 2 种材质:【原理化 BSDF】和【自发光(发射)】。
- 机甲战士总共使用 6 种颜色:白色、灰色、青色、蓝色、红色和黄色。
- 配色参考:

  机甲战士从头到脚遵循"由浅到深",即"白色→灰色→深灰"的方式。

  为使背景突出角色,背景可选择单一"青色"。

  机甲战士中凸起的部分用"蓝色",凹陷和凹凸的部分用"红色",眼睛用【自发光】。

着色渲染

赋予材质 →

配色详解

红 色

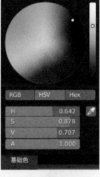

蓝 色

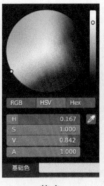

黄 色

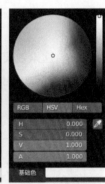

白 色

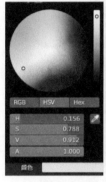

自发光

浅灰色

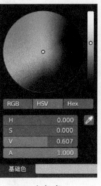

中灰色

深灰色

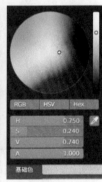

青 色

4 设置灯光

- 机甲战士场景中共设置 2 个光源,通过左右两边的平面设置【自发光】来形成"面光",将角色和场景均匀照亮。
- 可通过调节"面光"与角色的位置远近和"自发光强度"控制光线的强弱。

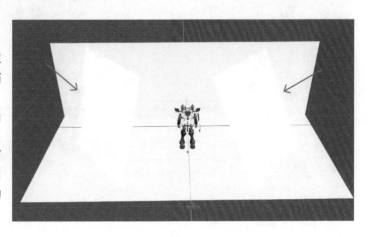

123

⑤ 设置渲染器

● 打开 ，在【渲染引擎】中，选择【Cycles】，并进行设置。

● 在 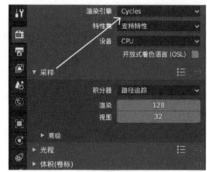【输出属性】中，选择输出格式等信息。

⑥ 渲染效果

最终渲染效果如下。

正视图

侧视图

背视图

透视图

第3节 ▶▶◀
模型绑定 | 难度等级：★★★☆☆

创建骨骼

绑定流程

创建骨骼 > 绑定骨骼 > 创建控制器

1 创建骨骼

● 执行【添加】→【骨架】→【单端骨骼】命令，创建一段骨架，完成身体主体骨骼。

● 进入【编辑模式】，选中一段骨架上的球，通过按【Shift+E】挤出完成四肢骨骼。

● 根据人体创建连续骨骼，注意手掌与手指之间不是连接关系，而是通过"父子关系"进行相连，以实现软性的连接效果。

创建骨骼 → 身体主体

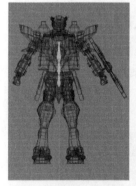   

创建骨骼 → 四肢

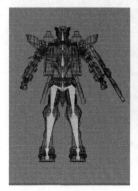  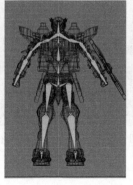 

125

② 绑定骨骼

- 将机甲战士模型合并为一个整体 | 快捷键：【Ctrl+J】。
- 先选择"机甲战士"模型，再按住【Shift】+ 全部"骨骼"进行绑定（建立"父子"关系）| 快捷键：【Ctrl+P】（附带自动权重）。
- 选中"机甲战士"模型，进入【编辑模式】，手动绘制"权重"，让每一根骨骼与模型零件呈对应关系。"权重"值为 1（红色），表明模型零件受到骨骼影响；"权重"值为 0（蓝色），表明模型零件不受骨骼影响；"权重"值在 0~1 之间（绿色），则受到部分影响（图示以胸椎为例）。

骨骼绑定

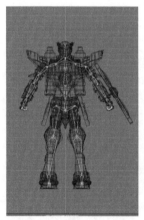 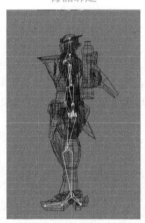 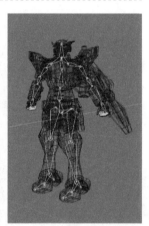

正视图　　　　　　　　　　侧视图　　　　　　　　　　透视图

手动绘制权重

图示以胸椎为例

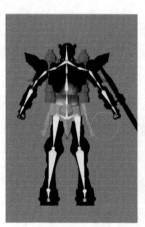  

正视图　　　　　　　　　　侧视图　　　　　　　　　　透视图

3　创建"IK 控制器"

- 当骨骼绑定工作完成之后，你会发现尽管每一个关节都可以做动作，但是总会出现奇怪的现象，比如：膝盖反向旋转等。这是因为大腿是小腿的"父级"关系，而我们让模型摆动作的时候是反向运动，因此需要一个控制器来反向控制"子级"，控制"父级"，这就是"IK 控制器"。

- "IK 控制器"可以在某种程度上对之前骨骼绑定进行约束。

- 以脚部为例：在【编辑模式】下，对脚踝骨骼进行【整体挤出】，按【Alt+P】解除所有关系，按【Shift】+ 小腿骨骼，执行【添加 IK 骨骼】（快捷键：【Shift+I】），进入【姿态模式】，将【链长】改为"2"。

---------------------------- 创建腿部"IK 控制器" ----------------------------

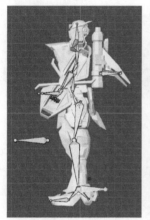

建立 IK 控制器　　　　　　　　向前移动 IK　　　　　　　　向后移动 IK

4　渲染效果

加动作后的最终渲染效果如下。

最终渲染效果

5 3D 打印与美化成型

● 导入 3D 打印机进行打印制作。

● 拼装 3D 打印后的零件，使用丙烯颜料进行彩绘。

3D 打印完成效果

模型着色美化过程

● 最终效果展示如下。

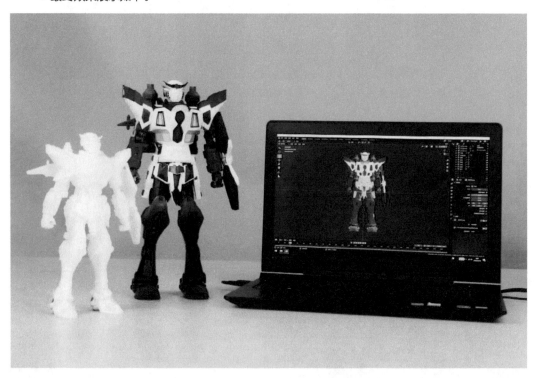

第6章

动漫角色设计

本章课程介绍

　　本章是本书最难的部分，从模型设计的角度来说，Q 版人物造型中的曲面更多，对人体比例结构的熟悉程度要求会比较高。在三维渲染模块中，不仅需要给模型指定材质，还需要手动绘制贴图纹理。在动画绑定模块，需要更加精准的权重，优化控制器才能实现理想的输出效果。

Q 版人物造型

项目制作流程

模型设计 〉 三维渲染 〉 绑定动画

模型结构分析

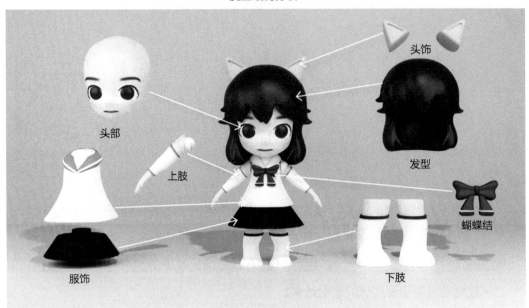

第1节 ▶▶
模型设计

模型设计流程

角色类模型设计的重要原则

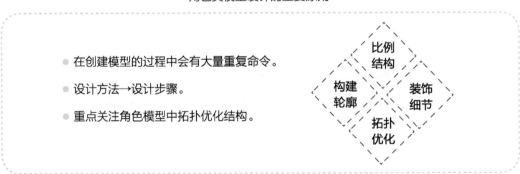

- 在创建模型的过程中会有大量重复命令。
- 设计方法→设计步骤。
- 重点关注角色模型中拓扑优化结构。

一、头部设计 | 难度等级：★★★★★

模型头部结构分析

1 创建头部模型

- 分别在 X 轴和 Y 轴方向导入"原画参照"，作为模型设计的比例参考图 |【添加】→【图像】→【背景】。
- 新建【立方体】→【表面细分】→添加【环切】线，创建头部基础模型，可切换四视窗进行观察和调试 | 快捷键：【Ctrl+Shift+Q】。
- 删除头部左边所有面，执行【添加修改器】→【镜像】命令，使头部左右对称，同时调整顶点的位置，创建头部的大致轮廓。

-------------------------------------- 创建头部模型轮廓 --------------------------------------

正视图

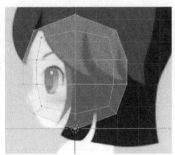

侧视图

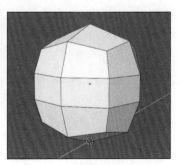

透视图

添加环切线

调整顶点

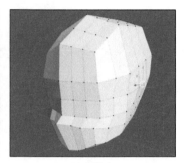

注意轮廓

头部模型拓扑优化

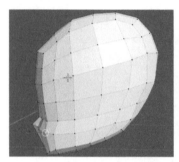

侧视图

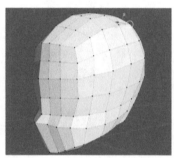

半侧视图

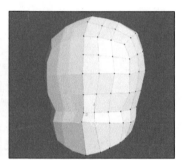

半视图

2 创建眼部

- 根据背景图中角色眼部形状，使用【切】线工具，勾勒出眼部的基本轮廓（注意：将新添加出来的点与附近【环切】线上的点进行手动关联）。
- 使用 2 次【切】线工具绘制出眼睑，并将中间眼睑线向外侧位移，同时使用【切】线工具，手动在之前绘制出的顶点处添加环绕头部的【环切】线。
- 再次使用【切】线工具绘制出高于眼睑的线段，删除眼角处造成凸起的线段，拓扑优化眼部结构，使之成为眼部上方一条横向贯穿的环线。

眼部模型拓扑优化

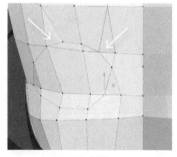

添加切线

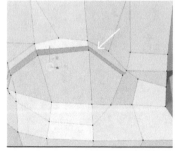

眼睑凸起

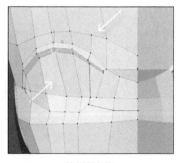

放射状拓扑

3 拓扑优化脸部结构的核心要点

- 通过多次手动添加【切】线、【删除】和【融并边】命令，使得原本泾渭分明的布线方式演变成从眼部向四周辐射扩散的形式，这样可以使模型表面更加圆滑。
- 最好使每一个顶点都在经纬环线之中，而不是单独存在于模型表面，如出现手动添加【切】线后的单独顶点，可通过手动添加【环切】线或【切】线的方式，将其优化成【环切】线。
- 在进行拓扑优化时，尽量减少产生"三边面"，尽量多使用"四边面"，这是因为前者在模型转角处更容易出现较为尖锐的过渡，而后者较为平滑。
- 使用上面的方法，创建出嘴部和眼底。

-------- 模型脸部拓扑优化 --------

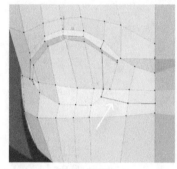 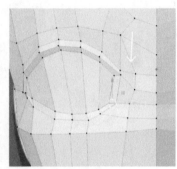 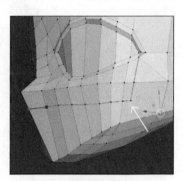

添加切线　　　　　　　　　　拓扑顶点　　　　　　　　　　添加切线

-------- 创建嘴部 --------

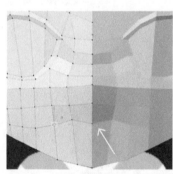 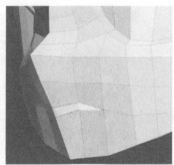 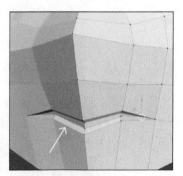

拓扑顶点　　　　　　　　　　整体挤出　　　　　　　　　　内插面

-------- 创建眼底 --------

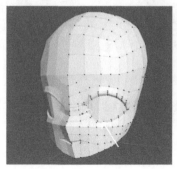 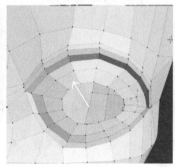 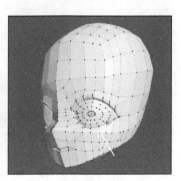

眼底优化前　　　　　　　　　整体挤出　　　　　　　　　眼底优化后

4 **平滑头部 / 添加眼球**

- 新建【经纬球】，并将其压扁，作为眼球放置在眼部（注意：眼部会有角度变化，眼球要充分贴合眼底部分的平面）。
- 执行【添加修改器】→【表面细分】→【视图】，选择"2"，对模型头部进行光滑设置。
- 进入【Sculpting 模式】，使用【光滑】笔刷对模型进行整体光滑，使用【抓起】笔刷使鼻尖处略微凸起。

平滑头部

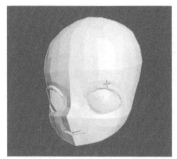

拓扑状态　　　　　　　　表面细分　　　　　　　　雕刻平滑

二、发型设计 ｜难度等级：★★★★★

发型

模型发型结构分析

1 **创建发型轮廓**

- 新建的【经纬球】删除底部来进行发型设计，沿参考图背景调节大致位置，删除半个面，并通过【镜像】生成另一侧。
- 执行【添加修改器】→【实体化】，给发型添加厚度，通过在内侧添加【环切】线，调整两侧的过渡边缘，使之更加顺畅。
- 执行【添加修改器】→【表面细分】，让发型更加圆滑。

创建发型轮廓

勾勒轮廓

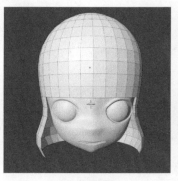

挤出发型轮廓

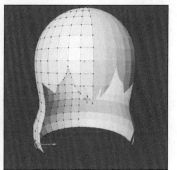

手动绘制切线

发型模型轮廓调整

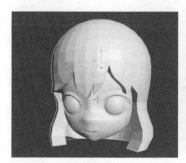

实体化

添加环线

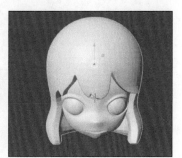

表面细分

2 创建发梢

- 选择头发两侧平面，并进行 2 次【整体挤出】，通过调整顶点位置，创建两侧的外侧发梢。
- 在靠近下巴的位置，用同样方式创建两侧的内侧发梢。
- 进入【雕刻模式】，使用【光滑】笔刷使发型圆滑，再使用【粘塑】笔刷凸显前额发型。

发型模型雕刻优化

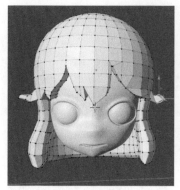

挤出外侧发梢

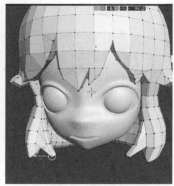

挤出内侧发梢

光滑 / 粘塑

三、服饰设计 | 难度等级：★★★★★

模型服饰结构分析

1 创建身体轮廓和上衣造型

- 新建【立方体】作为身体主体部分，通过正视图和侧视图两个方向的背景图确定身体轮廓，通过添加【环切】线来细分身体结构，拓扑优化线段，使得身体过渡更加自然。
- 选择领部面→【整体挤出】（注：创建衣领，通过移动衣领顶点位置形成尖领）。
- 手动添加【切】线→删除裙底部平面，执行【顶点】→【从顶点创建边/面】按【F】键手动封面，创造出皱褶效果。
- 在【表面细分】前，拓扑优化领口和裙底的过渡部分。为创建较为明显的皱褶效果，可添加【环切】线，与之前线段并列。

创建身体轮廓

正视图

侧视图

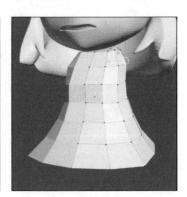

添加环切线

创建上衣造型

挤出衣领

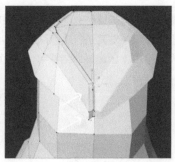

移动顶点

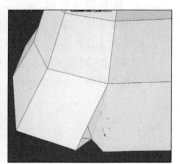

创建皱褶

优化上衣造型

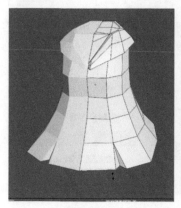

拓扑顶点

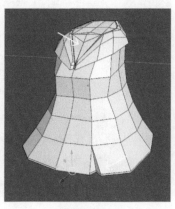

调整过渡边

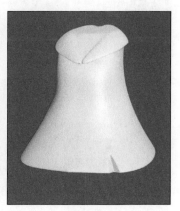

表面细分

2　创建裙子造型

- 新建【柱体】并通过缩放置于顶面，作为裙子的基础部分。
- 每隔一条柱体纵向细分线添加【环切】线，并将其向内位移，以形成皱褶效果。
- 在每个皱褶的内外两侧分别添加【环切】线，以保留皱褶效果。
- 执行【添加修改器】→【表面细分】命令，将裙子进行细化处理。

创建裙子造型

缩放柱体

添加环切线

表面细分

137

3 创建装饰造型

- 新建【立方体】，根据背景图片创建蝴蝶结的基本轮廓，并将其进行【表面细分】。
- 新建【立方体】，将其放置于领口，对其进行【表面细分】后，模拟领结中间扣。
- 再次新建【立方体】，根据背景图片，创建蝴蝶结飘带，并将其进行【表面细分】，最后执行【镜像】命令，使飘带对称。

创建蝴蝶结

优化立方体

创建立方体

优化立方体

4 创建头饰造型

- 新建【立方体】，通过添加【环切】线调节立方体各顶点位置创建出头饰大致外形。
- 头饰正面执行【内插面】→【整体挤出】→【缩放】的操作，创建猫耳形状。
- 执行【添加修改器】→【表面细分】，让猫耳头饰看起来更圆滑。
- 最后通过【添加修改器】→【镜像】，复制另一侧，完成头饰制作。

创建猫耳头饰

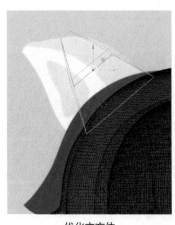
优化立方体

整体挤出

镜像头饰

四、四肢设计 | 难度等级：★★★★★

四肢设计

模型四肢结构分析

1 创建手臂轮廓

- 新建【柱体】作为手臂的基础轮廓，通过添加【环切】线对柱体进行分段，再根据背景图调节柱体环切线位置，创建手臂基本轮廓。
- 添加【环切】线并调节拓扑手部顶点位置，根据背景参考图，连续【整体挤出】拇指。
- 通过添加【环切】线，将手臂套袖部分向内进行【缩放】，创建硬边过渡。

创建手臂轮廓

创建柱体

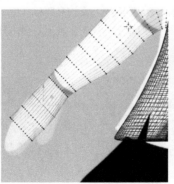

添加环切线

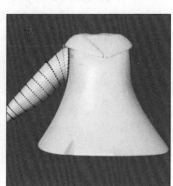

调整环切线

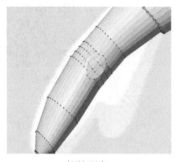
拓扑顶点

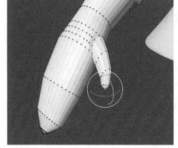
挤出拇指

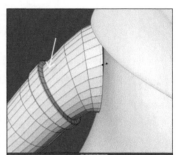
添加环切线

2 优化手臂细节

● 执行【添加修改器】→【表面细分】，使手臂过渡圆滑。
● 进入【雕刻模式】，使用【球体】笔刷，使手臂及拇指背面隆起，让表面看上去更加丰满圆润。
● 执行【添加修改器】→【镜像】命令，生成另一侧手臂。

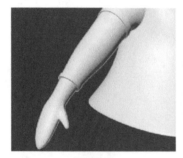
表面细分

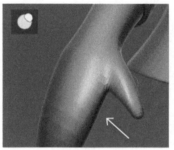
隆起手背

镜像手臂

3 创建腿部轮廓

● 新建【柱体】，根据背景图创建腿部轮廓。
● 选择柱体下部向前的面→【整体挤出】脚面。
● 为脚面添加【环切】线，拓扑优化脚面，使其形成一个弧面。
● 腿部再次添加【环切】线，并向外缩放，模仿高筒袜结构。
● 最后执行【添加修改器】→【镜像】命令，生成另一侧的腿。

裙子＋腿

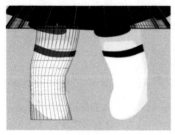
表面细分

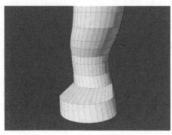
挤出脚面

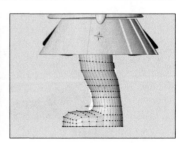
添加环切线

五、关节设计 |难度等级：★★★★★

蝴蝶结 + 活动
关节 + 猫耳朵

模型关节结构分析

1 创建关节

- 新建【经纬球】，删除其下半部分，并将底面【整体挤出】后作为活动轴。
- 执行【添加修改器】→【布尔】，将活动轴放大 20%，与头部进行布尔运算——挖孔。
- 创建【经纬球】，作为手臂的球形关节，与头部关节制作方法相同。
- 创建【柱体】，作为腰部关节，与头部关节的制作方法相同。

创建头部关节

挤出半球体

布尔运算

完成拼插

创建其他关节

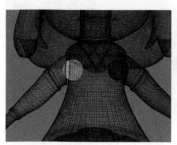

手臂球形关节

腰部榫卯关节

完成制作

第2节 ▶▶

三维渲染 | 难度等级：★★★★★

三维渲染流程

创建场景 → 创建相机 → 展UV → 绘制贴图 → 指定材质 → 设置渲染器

1 创建场景

- 创建"L"形【平面】作为背景板，再创建另外2个【平面】作为面光，照亮角色及场景。

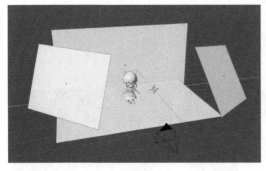
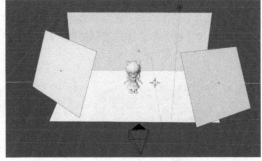

2 创建相机

- 在正对角色的位置创建相机。
- 进入镜头视角调整 | 快捷键：【O】。
- 【锁定】相机视角 | 快捷键：【N】。

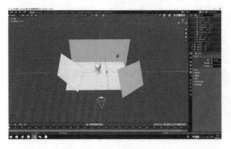

3 展 UV

- 选择【UV Editing】→进入展 UV 模块，右侧是三维模型，左侧为平面 UV 展开图。
- 选择右侧模型，执行【边】→【标记缝合边】命令，对模型进行 UV 拆解。
- 对标记过的模型，执行【边】→【展开】，左侧会实时显示展开的 UV 图。
- 导出 UV 图：左侧视窗中选择【UV】→【导出 UV 布局图】→保存为 .png 格式的图片。

展 UV

头部展 UV

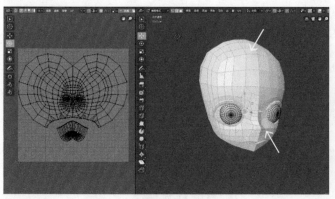

面部标记线参考

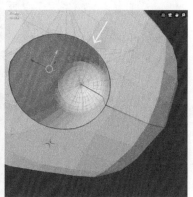

头部底部标记线参考

手臂展 UV

- 在手臂侧面标记线，可完整展开"柱状"手臂。
- 在拇指处单独标记线，可确保网格线在展开的 UV 平面图中无交错。

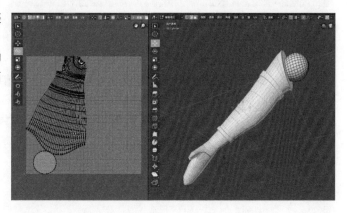

靴子展 UV

UV 展开图

靴子侧面标记线参考

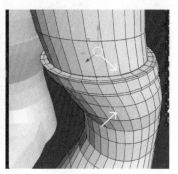

靴口标记线参考

143

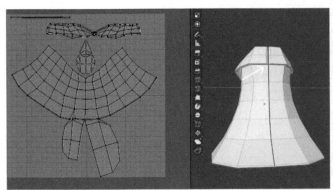

裙装背面标记线参考 裙装正面标记线参考

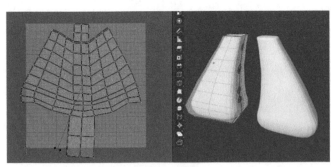

飘带标记线参考 蝴蝶结完整对比图

4 绘制贴图

- 对展 UV 后的 .png 格式图片绘制贴图，使模型上色更精准。
- 若使用 Blender 自带绘制 UV 模块，可进入【Texture Paint】进行绘制，具体方法可参考第 2 章。为了让大家有更多的选择，本章微课视频使用第三方绘制软件 Photoshop。

绘制头部贴图
＋指定材质

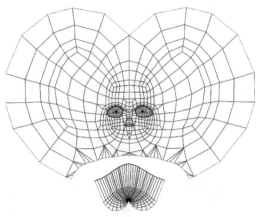

UV 贴图原始图 绘制后的 UV 贴图

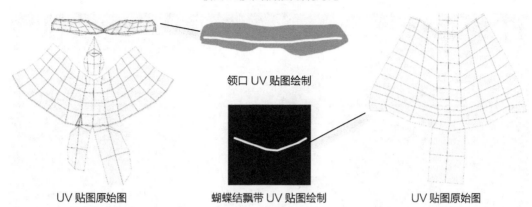

领口 / 蝴蝶结贴图绘制对比

领口 UV 贴图绘制

UV 贴图原始图　　　　　蝴蝶结飘带 UV 贴图绘制　　　　　UV 贴图原始图

手臂 / 靴子贴图绘制对比

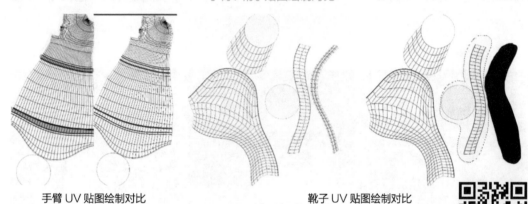

手臂 UV 贴图绘制对比　　　　　靴子 UV 贴图绘制对比

绘制全身贴图
+ 指定材质

5 指定材质

● 进入【Shading】模式，按以下图示给模型指定材质和贴图。

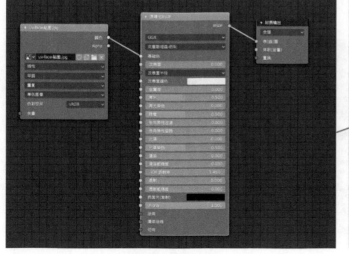

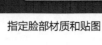
指定脸部材质和贴图

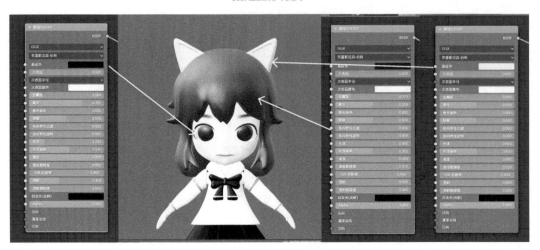
指定脸部材质

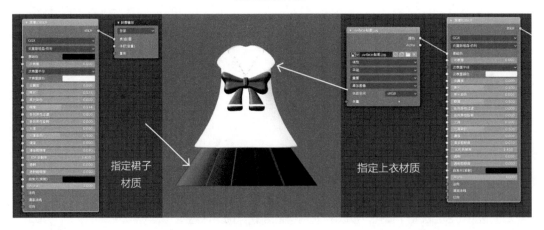
指定裙装材质

指定裙子材质

指定上衣材质

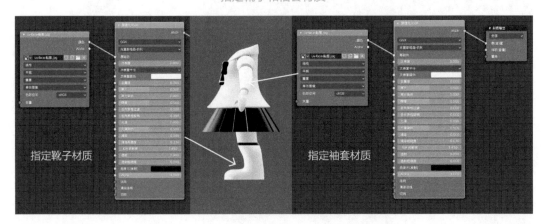
指定靴子和袖套材质

指定靴子材质

指定袖套材质

指定蝴蝶结和飘带材质

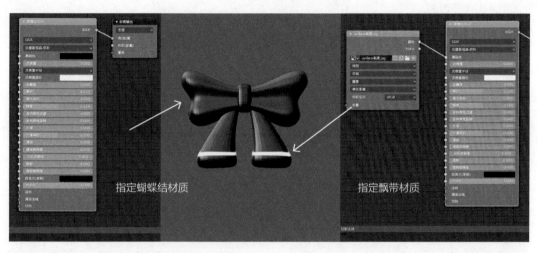

指定蝴蝶结材质

指定飘带材质

指定环境材质

指定自发光材质

6 **设置渲染器**

- 打开 📷 ，在【渲染引擎】中选择【Cycles】，并进行设置。

- 在 🖼 【输出属性】中，选择输出格式等信息。

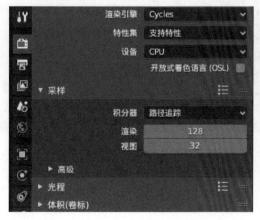

147

7 **渲染效果**

● 最终渲染效果如下。

最终渲染图

替换背景合成图

骨骼绑定

第3节 ▶▶ ◀◀
绑定动画 |难度等级：★★★★★

绑定动画流程

创建骨骼 〉 创建控制器 〉 绑定骨骼 〉 制作动画

1 创建骨骼

- 执行【添加】→【骨架】→【单段骨骼】命令，第一个骨骼是以后创建的所有父级，所以第一根骨骼选腰椎的第一根（注：骨骼设置里勾选【在前面】）。
- 进入【编辑模式】→选中骨骼上的球→，按【Shift+E】，沿 Z 轴方向挤出脊椎与头部的骨骼→小键盘【3】，参考右视图按照身体的弯曲度调整骨骼。

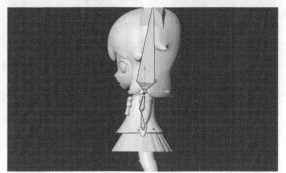

- 选择骨骼命名→【骨骼属性】由下至上名称为脊柱 1→脊柱 2→头。

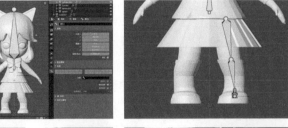

- 选中"脊柱 1"下面的球依次挤出大腿→小腿→脚掌→脚趾，命名时名称后方加上".L"或".R"，便于区分左右名称。

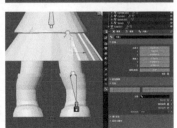

- 从"脊柱 2"的顶端球依次挤出大臂，按【Alt+P】解除所有关系，继续挤出小臂与手，并分别进行命名。
- 设置大腿的【父级】为"脊柱 1"。
- 选中所有手臂和腿的骨骼再执行【骨骼】→【对称】。

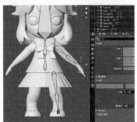

2 创建"IK 控制器"

- 删除左侧手臂和腿的骨骼，在脚踝及膝盖处沿 Y 轴方向挤出骨骼，按【Alt+P】解除所有关系，取消【形变】，将膝盖处关节命名为"膝盖 IK.L"→脚踝处骨骼命名为"脚 IK.L"，选中脚掌骨骼和脚踝 IK 按【Ctrl+P】，保持偏移量。

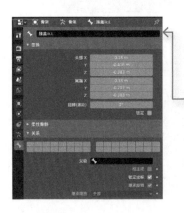
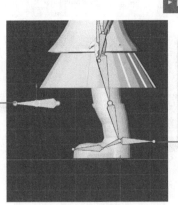

- 选择【姿态模式】→选择小腿骨骼→在右侧菜单栏【骨骼约束属性】中添加【反向运动学】→选择【目标】为"骨架"或"Armature"→选择【骨骼】为"脚IK.L"→设置【极向目标】为"骨骼"→选择【骨骼】为"膝盖 IK.L"→设置【链长】为"2"。

- 脚 IK 向上移动时，如果膝盖是正常抬起则不需要修改【极向角度】，如果向后弯曲则将【极向角度】改为"180°"，当执行了【对称】骨骼命令后，左侧的极向角度也根据上述情况变为"0°"或"180°"。

- 在【编辑模式】下挤出手腕及肘关节处的 IK 骨骼→将手腕处的 IK 骨骼与小手臂绑定→将肘关节 IK 与大臂绑定。

- 设置手和脚（绿色的骨骼）四个关节单独执行→添加【骨骼约束属性】→【复制位置】→设置【目标】为"骨骼"或"Armature"→设置【骨骼】为"手对应小臂"→设置脚为"小腿"（注意左右）。

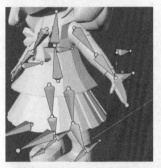

- 执行【对称】骨骼命令。

3 **骨骼与人物绑定**

- 人物模型细分降到最低，按【Ctrl+J】将所有模型【合并】→选中人物及骨骼，按【Ctrl+P】【设置父级目标】→【骨架变形】→【附带自动权重】。

4 **权重**

- 当物体受到骨骼完全影响时物体显示为"红色"，数值为"1"。
- 当物体完全不受到骨头的影响时物体显示为"蓝色"，数值为"0"。
- 当物体受到了骨头的部分影响，但数值不达到"1"或"0"时，物体会显示红色与蓝色之间的颜色，要手动操作改变物体的权重影响。

方法一：

在【姿态模式】中移动IK，记录下不需要影响的位置→更改到权重模式→选择【F Mix】笔刷→权重数值为"0"→按【Shift】+鼠标左键选择骨头→把骨头不需要影响的地方刷成蓝色，检查每个骨头的影响区域。

方法二：

举例说明，下图中大腿骨骼不需要影响其他位置，对模型按【Ctrl+I】反选不需要受权重影响的位置，在右侧工具栏【物体数据】→【顶点组】中选择骨骼→【移除】。检查每根骨头所影响的位置是否正确。

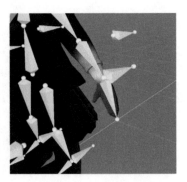

5 **制作动画**

- 关闭【继承旋转】→开启【自动插帧】。
- 在 X 轴视角→添加→图像→参考→调整图像位置→调出第二个视图→将
  【动画摄影表】设置到关键帧"1"→开启【自动插帧】（注意：开始
  后 IK 摄影表会自动记录）。

制作路径动画

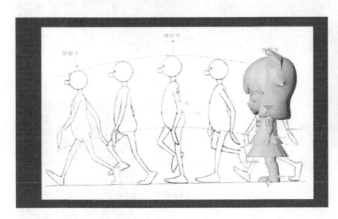

- 首先根据参考图，选中上半身骨骼向下移动→向前移动左脚 IK→移动右脚 IK→转换视角调
  整膝盖 IK 与肘关节 IK→移动双手的位置→在顶视图中根据向前的脚同方向旋转"脊椎 1"。

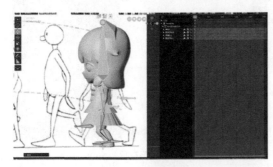
上半身骨骼向下移动

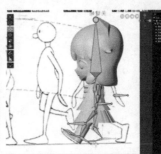
移动左脚 IK

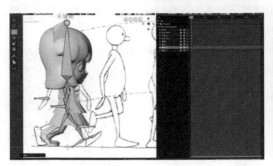
移动右脚 IK

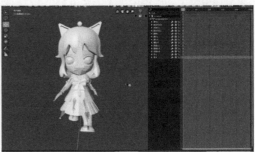
正面调整膝盖肘关节 IK

153

调整手臂姿势

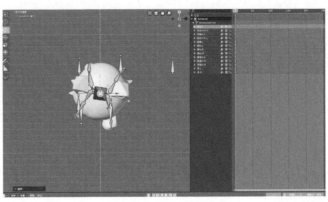

旋转"脊椎 1" IK

- 设置【动画摄影表】为关键帧"9"→根据第二个姿势调整→选择左腿按【Alt+R】、【Alt+G】复位→上半身骨骼向上提拉→调整右腿位置→调整双臂位置。

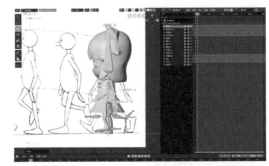

上半身向上移动

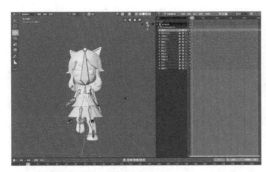

调整双臂

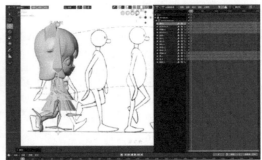

调整右腿

- 设置【动画摄影表】为关键帧"17"→根据第三个姿势调整四肢位置→上半身骨骼向上提拉→顶视图旋转"脊柱 1"。

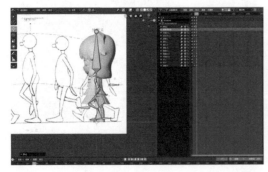

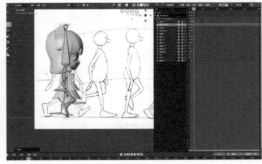

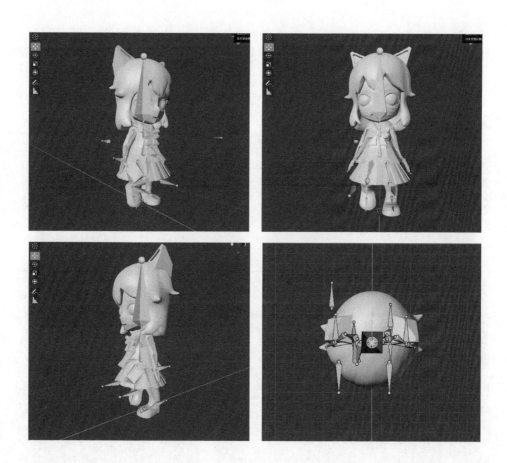

● 将关键帧停留在"9帧"→按【Ctrl+C】复制姿势→关键帧停留在"24帧"按【Ctrl】+【Shift】+
V粘贴→删除最后一帧→按【Ctrl+C】复制第一帧,按【Ctrl+V】粘贴姿势→循环帧设置为"40",
按空格键即可循环播放。

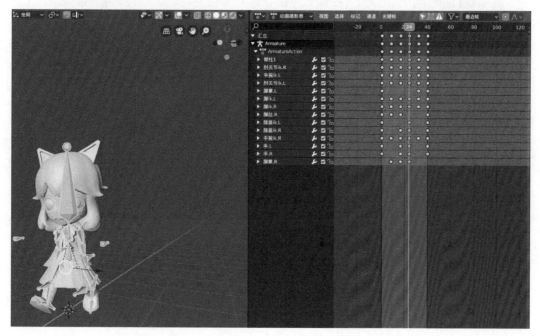

● 选择曲线行走【Amature】→非线性动画【Amature Action】→点开设置→将【回放设置】
改为"100"。

● 创建【曲线】→【路径曲线】→编辑曲线→调整曲线形状→选择骨骼与路径，按【Ctrl+P】→
选择【路径约束】→创建父级【跟随路径】（如：人物倒退走可将模型旋转180°）。

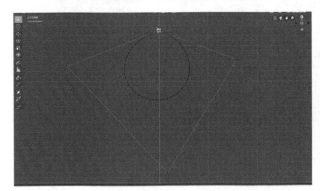 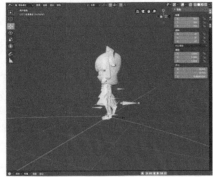

● 设置【结束点】为"500"（控制行走循环次数）→将【路径动画】中【帧】设为"800"（控
制行走速度）→按【H】键隐藏骨骼与曲线，按空格键即可播放循环行走动画。

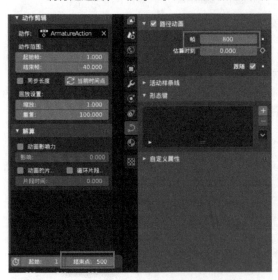 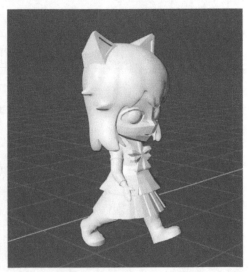

6 **3D 打印与美化成型**

● 导入 3D 打印机进行打印制作。

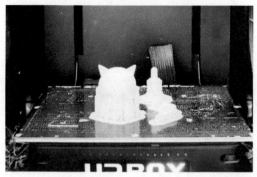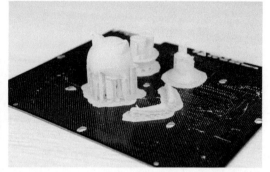

3D 打印完成效果

● 拼装 3D 打印后的零件，使用丙烯颜料进行彩绘。

拼装后的 3D 打印模型　　　　　　　　模型着色美化过程

● 最终效果展示。

疯狂造物
Blender 创意设计与 3D 打印

第 4 部分
Part Four

造物
工厂

如果说三维设计、三维渲染、绑定和动画是数字化造物工具的虚拟构建环节，那么 3D 打印则属于从虚拟到现实的生产制造过程。经过前面 6 章的学习，之前掌握的 Blender 核心模块与基本技能，能为本章所要学习的 3D 打印提供数字文件等必要的知识储备。

本章我们开始学习如何将一个三维模型文件传输到 3D 打印机，通过材料的热熔和层层堆积，制作出最终的实体模型。

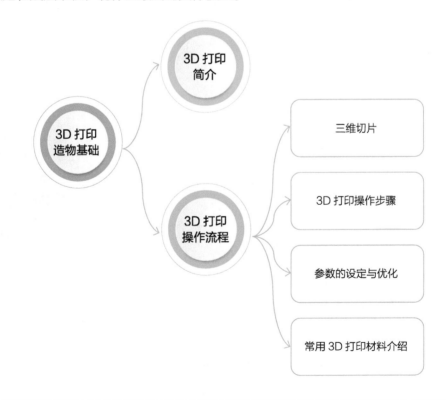

第 1 节 ▶▶◀

3D 打印简介

3D 打印属于快速成型的一种制造方式，物体会根据计算机三维绘制的模型进行分层处理，每一层的模型数据用 G 代码控制 3D 打印机的喷头与底板的运动，最后凭借材料的物理黏合属性，将层层叠加出来的物体合并为一个整体。

因为 3D 打印的材料不同，其熔点等属性会有很大区别，因此在 3D 打印成型方式上就会有所区别。一般会把常用的 3D 打印方式分成 FDM（熔融沉积式）、SLA（激光烧结式）、SLS（光敏树脂式）、DLP（数字光处理）等。

在所有的 3D 打印成型方式中，FDM 技术相对成本低，实用性广，操作安全系数高，在教育和模型制作上应用广泛，因此本书仅对 FDM 3D 打印机进行讲解。

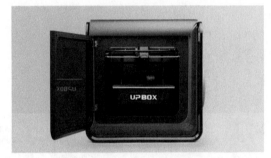

市场上流行的 FDM 型 3D 打印机

第 2 节 ▶▶◀

3D 打印操作流程

3D打印操作流程图

三维数字模型　　STEP 2　　三维模型切片　　选取打印材料　　STEP 4　　3D打印快速成型

STEP 1　　STEP 3

- 三维数字模型：使用 Blender 等三维建模软件完成的模型文件，可导出生成通用的数字文件，如".OBJ"".3ds"等（通常这样的数字文件只有相应的三维软件可以打开）。
- 三维模型切片：将三维数字模型转化成为 3D 打印机可读取的 G 代码，有时也可以直接驱动相应型号的 3D 打印机进行制作。
- 选取打印材料：本书采用的是桌面式 FDM 型 3D 打印设备，常用的材料是 ABS 和 PLA 两种材料。
- 3D 打印快速成型：实现 3D 打印材料熔化后，层层堆叠黏合的过程。

一、三维切片

1. 三维切片软件的下载与安装

- 打开网页浏览器，选择"UP Studio"软件，进行下载。

- 进入下载界面后，根据所用计算机选择适配的版本，单击【点击下载】按钮下载软件。

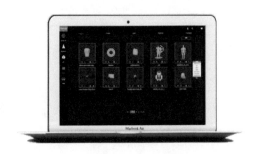

- 下载完成后，双击【UP Studio】安装图标，进行软件安装。
- 安装完成后，双击 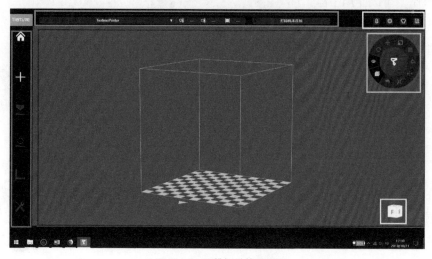 UP Studio 软件快捷方式，打开软件。

2. UP Studio 三维切片软件界面介绍

- 打开 UP Studio 软件后，单击左边工具栏中的 ，进入三维切片软件主界面。
- 蓝色选区为信息栏：显示当前 3D 打印机状态。
- 白色选区为身份信息：包含注册 / 登录、设置、皮肤、反馈。
- 橙色选区为工具栏：包含首页、添加模型、3D 打印、初始化、测量、设置。
- 绿色选区为 3D 轮盘：包含位移、缩放、旋转、自动摆放、镜像、复制等针对三维模型的操作。
- 红色选区为 3D 视窗：包含观察和调整三维模型的界面。
- 黄色选区为 3D 魔方：可调整 3D 视窗上、下、左、右、前、后视角。

UP Studio 开始界面

UP Studio 三维切片软件界面

3. UP Studio 三维切片软件的使用方法

- 单击左侧 [+] 中的【添加模型】→导入".STL"格式的三维模型。

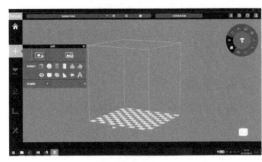

添加模型

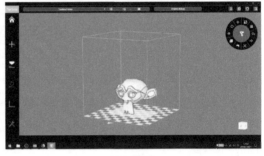

导入模型

- 3D 轮盘中最常用的命令是控制物体的【旋转】、【位移】和【缩放】，在使用这三个命令时请注意中间 X、Y、Z 和小锁标志，选这些标志可以锁定运动轴。

旋转

位移

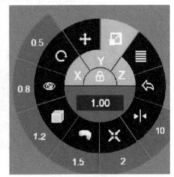

缩放

- 3D 轮盘中如果出现【移动】、【旋转】等很难调整的操作，可以使用【自动摆放】或者【重置】命令返回标准或默认状态。

自动摆放

重置

二、3D打印操作步骤

使用数据线将计算机与 3D 打印机连接时，UP Studio 的工具栏会全部高亮显示。单击 ⟳ 初始化后，3D 打印机会开始自动调整，所有部件归零，单击 ▼ 后再单击【打印】，等待一段时间即可进行三维数据转化、传输、喷头预热及 3D 打印。

3D 打印

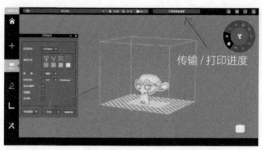

UP Studio 3D 打印操作过程图　　　　　　　　3D 打印成品图

G 代码和 ".STL" 格式的文件都是 3D 打印机通用的格式，当前大部分的三维设计软件都可以转化成 ".STL" 格式的文件。通常直接识别 G 代码的 FDM 3D 打印机属于初代设备，打印精度和速度相对不高，可直接识别 ".STL" 格式的 3D 打印机是经过优化升级的二代产品。

三、参数的设定与优化

在三维切片软件中，控制打印精度和速度的关键因素有 4 个，包括层片厚度、填充方式、喷头运动速度、支撑选取，以下我们逐一进行说明。

1. 层片厚度

UP Studio 中有 6 种不同的层片厚度，最精细的是 0.1mm，最粗糙的是 0.35mm，可以通过图示两个打印制作完成的层片进行对比。

层片的厚度决定了堆积成型的精密度。同等规格的模型，层厚细分越多，层片厚度越细微，打印成型的精度越高，成型所需要的时间也就越长；反之，层片厚度细分越少，打印成型的精度就越低，成型所需时间也就越短。

0.1mm 层厚　　　　　　　　0.35mm 层厚

2. 填充方式

UP Studio 中有 8 种不同填充方式，所谓填充方式是指 3D 打印的物体是空心的还是实心的。如果是空心的，可选择边缘是薄还是厚；如果是实心的，通过百分比来确认实心的程度。

填充方式决定着制作物体的总重量，空心比较轻，3D 打印的用时较短。如果是实心的，百分比越高，成型后的重量就越大，成型的时间也就越长。

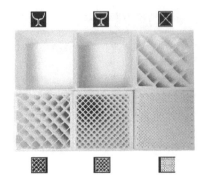

3. 喷头运动速度

UP Studio 中有 4 种不同速度模式:【默认】、【较好】、【较快】、【极快】。【极快】意味着 3D 打印机喷头运动速度会明显提升,在打印制作过程中的转角处就会出现压不实的现象,但是成型时长较短;反之,【较好】则是喷头运动速度非常缓慢,成型质量高,但成型时间较长。

一般情况下,建议选择【默认】,成型精度和速度相对比较适中。

4. 支撑选取

在 3D 打印过程中,有些结构并不是模型主体的结构,只是模型主体的支撑,当 3D 打印完成时,需要手动去除这些支撑结构,才能得到最终的立体模型。支撑物越多,成型的时间也就越长,有效设置支撑是一项很考验技术的设置。

可单击工具栏延展菜单,进行支撑设置,也可以通过 3D 轮盘进行设置。此处,我们仅针对支撑角度加以说明。

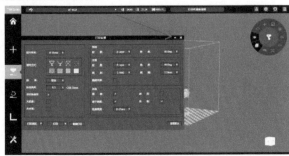

UP Studio 延展菜单

支撑设置

● 打开【支撑编辑】→选择【支撑角度】→【角度】选 "10Dog"。

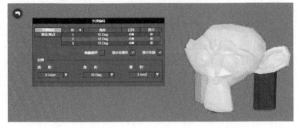

支撑结构

● 打开【支撑编辑】→选择【支撑角度】→【角度】选"30Dog"。

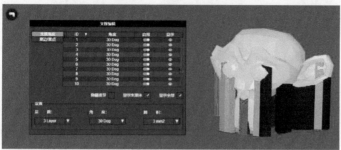

支撑结构

● 打开【支撑编辑】→选择【支撑角度】→【角度】选"80Dog"。

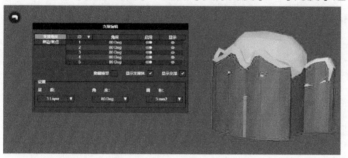
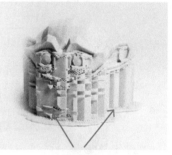

支撑结构

四、常用3D打印材料介绍

　　桌面式 FDM 型 3D 打印机最常用的就是 ABS 工程塑料和 PLA 树脂塑料。前者硬度更高，适合制作工业零部件；后者是塑料和树脂的混合物，故黏性更强，色泽也更鲜艳，适合制作灯罩等艺术作品。

ABS 工程塑料　ABS engineering plastics

PLA 树脂塑料　PLA engineering plastics

设计模块	设计用途	快捷键
观察 / 选择模式	切换物体 / 编辑模式	TAB
	切换显示模式	Z ✛
	隐藏 / 显示选中物体	H / Alt ✛ H
	显示 / 隐藏属性面板	N
	显示 / 隐藏物品属性栏	T
	切换观察角度	7 8 9 – 4 5 6 1 2 3 +
物体模式	移动 + X、Y、Z 轴向	G ✛ X 、 G ✛ Y 、 G ✛ Z
	旋转 + X、Y、Z 轴向	R ✛ X 、 R ✛ Y 、 R ✛ Z
	缩放 + X、Y、Z 轴向	S ✛ X 、 S ✛ Y 、 S ✛ Z
	新建物体	Shift ✛ A
	删除	X
	框选 / 圈选	B / C
	选中	选中物体 ✛ I
	复制	Shift ✛ D
	重复上一步	Shift ✛ R
	选择游标位置	Shift ✛ S
	游标回归中心点	Shift ✛ C
	撤销上一步	Ctrl ✛ Z
	全选 / 反选	A / Ctrl ✛ I

附
录

设计模块	设计用途	快捷键
编辑模式	挤出	E / Alt ✛ E
	内插面	I
	切 / 切分	K
	分离	P
	断离顶点	V
	填充 / 栅格填充	F / Alt ✛ F
	合并顶点	Alt ✛ M
	显示循环边	🖱 ✛ Alt
	倒角	Ctrl ✛ B
	环切	Ctrl ✛ R
	合并物体	Ctrl ✛ J
渲染模式	单帧图片渲染	F12
	查看渲染结果	Shift ✛ Z
	将当前视图设为摄像机视角	Ctrl ✛ TAB ✛ 0
绑定动画	父级绑定 / 清除	Ctrl ✛ P / Alt ✛ P
	关联复制	Alt ✛ D
	切换【物体模式】/【姿态模式】	Ctrl ✛ TAB
	插入 / 清除关键帧	I / Alt ✛ I
	近距离查看	Delete
	添加 IK 控制器	Shift ✛ I
	清除所有关键帧	Ctrl ✛ Shift ✛ I